事例に学ぶ 方針管理の進め方

企業体質の強化に向けて

福原 證 [著]

日科技連

まえがき

「中間管理者受難の時代—課長になりたくない社員が増加している」「組織が崩壊して個人の能力が優先されるようになった」などの記事が週刊誌や月刊誌の誌上をにぎわせたのはリーマンショック後（2008年9月）の頃でした。

あれから15年近く経ちましたが、「課長は雑用係になってしまいマネジメントの役割はほとんどなくなっている」という風潮に果たして変化はあったでしょうか。また、誤った目標管理がはびこって成果指向を強調するあまり、社員個々人に任せっきりの仕事運営で成果のみを評価するやり方も15年以上前から話題でしたが変化はあったでしょうか。

職場ではいまだに、安易なテーマをもっともらしく主張する人が大きな顔をしたり、技術開発テーマなどの未知の分野に挑戦する意欲を失ったり、部下や仲間を育てたりアドバイスする機会を諦めたりして、将来の希望をもてない状況にはまっている会社も散見されます。

もはや組織運営や全社一丸などといった言葉は古い時代の遺物のように扱われ、その結果、体力を失っていった企業の例は15年以上前から数多く見られています。

個人のあり方を尊重することに異論を唱えるつもりはありません。しかし、個人の能力を単純に足し算するだけでは、互いの良さを打ち消し合う引き算になる場合も多々あります。組織が個人の能力をうまく調整できれば、個々の能力に相乗効果が生まれ、より大きな成果を生むことができるはずです。個人のもつ能力を、組織・チームの固有技術に置き換えることができれば、組織間の有機的な結合（しくみ）でより大きな成果を生み出せることに疑う余地はありません。時代・環境が変わろうともこの考え方は不変だと思います。

　1965年頃から日本産業界は急成長を遂げました。その原動力の一つが、日本流の品質管理でした。諸先輩の方々の努力によって、SQC（Statistical Quality Control：統計的品質管理）に人や組織力を組み込み、さらに経営管理までをも含めた日本的品質管理（SQC → TQC・CWQC → TQM）が誕生し、大きな役割を果たしたのです。

　時代が変わろうとも、総合力を発揮するための組織力と組織間の有機的な結合、企業文化にもとづく行動規範は失ってはなりません。しかし、これらの考え方は昨今ますます不確かなものとなり、それが組織を構成する個々人の行動に現れているのではないでしょうか。

　筆者は、1965年にトヨタ車体㈱に奉職し、20年近くTQM（Total Quality Management）の推進に従事してきました。在職当時はトヨタグループ全体が経営管理の手段としてTQMを推進していた時期であり、そのなかでも人材の育成とともに機能別管理を柱とした体質向上を重視していました。そんな時代に、筆者は「トヨタ12社QC連絡会」を傍聴したり、「オールトヨタSQC研究会」への参加などでグループ内のTQM先輩会社の展開を学ぶ機会に恵まれて、同社の日本品質管理賞受賞（1980年）まで品質機能総括を務めました。その後、経営管理事務局として全社の方針管理をはじめとするTQMの一層の発展（企業体質の強化）に従事しました。

　同社は、1960年代後半から1970年代に向けて、「自動車ボディを作るだけのメーカーから開発から出荷までを担当する完成車両メーカーに成長しよう」との合言葉（中長期方針に該当します）の下で、ねらいをグループ内トップの品質レベル確保に置いて、活動を続けました。「できばえ品質の確保（工程管理の強化）」（「品質は工程で作り込め」）から、順次、「生産準備以降を任せられる」、さらに、「開発以降を任せられる」（「品質は開発で作り込み、生産で作り出す」）に向けて企業体質を強めていき、今ではワンボックスカーの企画からすべてを担当するまでに至り

ました。全社一丸による体質強化活動の原動力は、TQM の推進、なかでも方針管理の徹底でした。この時期に、推進事務局の一員として活動した体験は、筆者にとってかけがえのない財産となっています。

中部品質管理協会へ転職後、いろいろな企業の方から TQM の推進について相談を受けてきましたが、方針管理に関しては「ほとんどの企業の内容では"お題目""形だけ"ではないか」と感じてきました。その後、起業して TQM を中心としたコンサルタント事務所を開設してからも、お付き合いいただく企業の方には、全社一丸で成果を実現させる活動の重要性を訴え続けてきました。

企業活動で重要なことは、「これまでの活動で成功した内容を標準化して安定した結果を保つこと」「挑戦すべき課題の壁を打ち破るために全社の知恵を結集し協力しあって行動すること」です。個々人の知恵を結集して、組織の重要な課題を乗り越えていくことで標準化のレベルが一段と高まります。方針管理のねらいはそこにあります。

最近ですが、「方針管理」を語る会合にお誘いを受けて参加する機会がありました。メンバーは、品質管理の専門家や企業の TQM 推進担当者など、その道では権威のある方々でした。参加された方々の意見は、

「私の会社でも方針管理をやっている」

「私の会社でもやっている」

「方針管理は重要だ」

という情報交換に終始していました。しかし、TQM を導入した日本企業ではどこでも「方針管理」は経営管理の重要項目として実行されているはずなのです。したがって、「方針管理をやっている」レベルの意見交換は大きな意味をもたないはずです。大切なのは「方針管理をうまくやっている」、つまり「方針管理が経営管理に大きく寄与している」という中身の議論に注視するべきだと感じました。最近になって日本品質管理学会などが中心となって方針管理の重要性を見直そうとしていま

す。当を得た動きだと思います。

　筆者は1985年以降、米国の企業とも交流してきましたが、いくつか
の大手企業から「日本式方針管理を学びたい」との要望を受け指導して
きました。正直、日米の考え方の違いなどから「導入・推進は難しいの
では」と思ったのですが、彼らは熱心に聞き入れてくれました。

　もともとスポーツなどではチームプレイが得意な国民性をもっている
ので、考え方や導入のヒントを提供すれば、むしろ、うまく展開する素
養をもっているのかもしれません。ある会社の推進事務局が作成した社
内テキストは非常に立派なできばえでした。そのときから、「日本式方
針管理は日本だからできると考えるのは誤りで、万国に共通するマネジ
メント手法だ」と強く思うようになりました。

　2016年5月17日には、日本品質管理学会による規格「方針管理の指
針　JSQC-Std 33-001：2016」が制定されました。このほかにも方針管
理を解説した書籍は数多く出版されています。しかし、筆者は身近な体
験から「真に効果的な方針管理は、まだまだ普及していないのではない
か」と感じています。

　本書は、「実際に方針管理を運営する際に、具体的にどのような点に
注意したらよいのか」を、より多くの読者に理解してもらいたい一心で
執筆しました。その中核になったのは、「いくつもの企業で大勢を目の
前にしながら方針管理の何たるかを説明してきた経験」と「現場の方々
とともに汗をかきながら方針管理の展開に携ってきた経験」です。

　本書の事例はほとんどが製造業を中心としたものになっていますが、
組織をベースにした業務展開をされている企業であれば、例えば、サー
ビス業でも同じ進め方ができると考えています（筆者は青果卸企業やゴ
ルフ場、ホテル業でも方針管理の展開をお手伝いしました）。

　本書は、「組織で業務展開されている企業の経営者・幹部職員・中間
管理者の方々に知ってもらいたい」と願って執筆しました。もちろん、

TQM の考え方や仕事の進め方に関心のある一般社員の方にも参考になります。

　方針管理の歴史や変遷などを知りたい方は他の書籍を当たってください。本書は、「より効果的な方針管理を実践し運用したい」と望む皆さまのための書籍です。「意味のある推進ができていない」と悩んでいる方々を助けたい思いから本書を書き上げました。本書をヒントに方針管理を展開してもらえたなら、企業の体質向上に貢献できる真に意味のある推進ができるはずです。

　随所に、実際の場で体験した内容などで共有できそうなエピソードを入れてみました。気楽に楽しんで読んでもらえたらよいかと思います。また、最終章でいろいろな会社から受けた質問を Q&A にまとめました。

　筆者は、何事もポジティブに考えることを最重要視しています。

　「仕事を動かしているのはひとであり、ひとは良い仕事をしたいと思っている。その機会を提供することが企業体質強化に向けてのマネジメントの基本であり、方針展開はその絶好のチャンス」であると考えています。最も重要な課題に挑戦する（方針展開）活動に参画し貢献することは、個人にとって、達成感と成長を感じる絶好の機会となります。本書は、この考えを基本に置きながら執筆しました。

　「自分の担当した仕事を好きになれる」集団が良い結果を導くのは間違いありません。読者の皆様にとって、方針管理が意味のある展開になるための参考に供することができたら、望外の喜びです。

　㈲アイテムツーワンでは、筆者の独りよがりにならないように、10年前から数名の実務経験者にお願いして定期的に自主勉強会を開催しています。「どうする会」と命名して 2 カ月に 1 回程度の研修をしてきました。参加メンバーは ITEQ、IDEA（元日立製作所）、ソニー、元セイコーエプソン、富士発条、元コニカミノルタ、マツダ、リコー、アイテ

ムツーワン(社名は当時)の実務経験豊富な皆さんで、「元気の良い会社とはどのような会社なのか」「そのためにはどのようなこと(体質)が備わっていなければならないか」「体質強化に対して有効なことがらは何か」「TQMでお手伝いできることは何か」を議論し、整理しました。お付き合いいただく企業に有益なアドバイス・提言をし、ともに工夫していくコンサルタント会社であり続けることを目指しています。

「どうする会」のメンバーからの鋭い指摘・意見や、お付き合いさせていただいた企業の方々からの本音の言葉、さらには専門の諸先生・諸先輩のアドバイスが本書執筆の後押しをしてくれました。なかでも、㈲アイテムツーワンの池田光司社長、マツダ㈱の武重伸秀氏、元㈱リコーの細川哲夫氏にはさまざまな場面でお世話になりました。この場を借りてお礼申し上げます。

また、「方針管理の見直し」(第4章)では、(一社)中部品質管理協会が1980〜1990年代に使用していた部課長向けのテキストから「効果的な推進のための10ポイント」と「注意事項30カ条」の使用の許諾をいただき、ありがとうございました。

執筆に際しては、㈱日科技連出版社の皆様、とりわけ鈴木兄宏取締役出版部長、田中延志係長にはお手数をおかけしました。筆者にとっては初めての出版でもあり、ご協力がなかったら本書の刊行はありません。感謝申し上げます。

2022年3月

福原　證

目　　次

第 1 章

良い仕事を考える

本章の要旨

　顧客に歓迎される製品を提供し続けることが企業の安定経営を支えます。良い結果を得るためには、会社全体として良い仕事をできる実力が求められます。

　仕事をしている人たちは個々に良い結果を出すべく努力をしています。その努力が全体の成果に反映されないと良い結果は得られません。

　そこで、多くの人が集う企業では、組織を編成して仕事を分担し、組織のアウトプットを連結させて全体の成果につなげようと努力しています。

　本章では、「良い結果」と「良い結果を生む良い行動（良い仕事）」を再認識し、「組織力・組織間連携」のあるべき姿を提起しています。

1.1　企業の最終目標は利益である

　昔から規模の大小や有名無名を問わず、さまざまな企業が「社会的にインパクトのある事故・事件を起こした」という事例は珍しくありません。そのようなニュースが新聞やテレビで伝えられるたびに気になることがあります。それは以下のようなコメンテーターや評論家のお決まりのセリフです。

　　「この事故は、企業が利益を追求しすぎたために起きた。企業の使命は社会に貢献することであり利益ではない。企業は大いに反省しなければならない」

　もっともらしく聞こえる肌触りのいいコメントです。テレビ局がコメンテーターや評論家に求めるのは、より多くの視聴者に受け入れられる当たり障りのないコメントなので仕方ないのかもしれません。しかし、同じことを経営者に問えば、「社会に貢献できさえすれば私は本望だ」と本音で言える人は決して多くはないはずです。

　筆者は、経営者が「利益ではなく社会貢献が第一の目的だ」と本音でいえるのは、非営利団体、つまり、慈善事業を展開する団体のみだと思います。

　一般的な企業はあくまでも利益追求集団のはずです。ただ、企業が利益を語るときには必ず「永続的に」という言葉をつけて語らねばなりません。単年であれば極論すると不動産を売り払うことでも利益は出るかもしれませんし、好ましくない行動で利益を求めることができるかもしれません。しかし、「永続的に」利益を生み続ける場合には「どうやって」が重要となります。当然ながら、反社会的な行動を避けつつ、市場に歓迎される商品を提供し続けることが必須となります。つまり、「社会に認められる企業であり続けること」こそ、利益を得る唯一無二の手段ともいえましょう。

　利益の算出法自体は単純です。売上から原価を引き算するだけです。ここから、「永続的に利益を追求する」という目的は、「より安定して、より高い売上を、より少ない原価で実現させるにはどうしたらよいのか」といった課題を実現した先にあるとわかります。

（1）　売上の安定と、その向上のための手段

　顧客はより良い製品を求めています。それを顧客が判断する基準は、一般的に支払った「コスト」と、「品質」「納期」「（付随する）サービス」の総合的なバランスによります（図1.1）。

　ここで、「品質」「納期」「サービス」「コスト」の定義は以下のとおりです。

- 品質：顧客が感動してくれる（入手してよかったと感じる）製品であること。機能・性能・使い勝手・外観・できばえなどが一定の水準以上にあること。
- 納期：顧客が欲しいときにすぐ手に入れられる（顧客が欲しいと思ったときにタイミングよく納品される）こと。
- サービス：「正しい使い方が顧客に理解できるように適切に案内されていること」（事前サービス）、「故障などトラブル時の対応も早いこと」（アフターサービス）、つまり、顧客への正常な可動[1]が保証されていること。
- コスト：顧客が支払う全コスト。

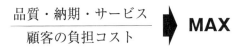

図 1.1　顧客満足度を図る基準

---

1)　顧客が使いたいときにいつでも使える状態のこと。

このなかで「品質」は、顧客が主体的に判定するため、顧客が製品を入手した後に良否が判明します。また、「納期」では、最少在庫で納品できるためには安定した生産計画達成が望まれます。生産計画未達成のケースでは、調達品も含めた品質不良の悪影響が原因であることが多いのです（製造管理に従事されている方はよくご存じだと思います）。

(2)　より少ないコスト（顧客の負担コスト）実現のための手段

顧客が支払うコストには、「購入のコスト（値段）」と、「（燃料代やメンテのコストなど）使用中に必要なコスト（ランニングコスト）」が含まれます。ランニングコストは品質の企画に含まれますから、ここではイニシャルコスト（値段）を考えてみます。

顧客が納得する値段で販売しても利益を確保できるためには、供給元の原価力が伴っていなければなりません。当たり前の話ですが、値段は企業側が設定しますが、適切かどうかを判断するのは顧客です（顧客は、「割り安」を望んでいます）。企業は原価を減らすために、製品原価の低減（VA・VE）、生産コストの低減（IE）、管理間接部門の人員削減などの施策を行っているものの、「品質を安定させるとコストが下がる事実」は案外見落とされていることがあります。

■具体例

1975年の例ですが、ある大手動力機メーカーで、「自社の生産工程で発生する不具合」でどの程度のコストが無駄に費やされているのかを調査しました。

廃棄のコスト・修正に費やすコストなど、データに現れない部分（工程内で修正するため不良のデータに計上されない）も含めて集計したところ、利益の2倍近い費用を費やしていることが判明したのです。

　この企業は、グループ各社のなかでも品質の安定ではトップクラスの成績を誇っている企業です。しかし、そんな企業でさえ、工程不良を半減させると利益が2倍以上になることが示されたのです。以降、工場長は潜在している不具合にまで着目し、生産工程の品質ロスコストを40%以上削減しました。

　この他にも、製品開発の効率を阻む「やり直しのムダ」が、悩みの種になっている企業も多いことでしょう。

　上記の例からもわかるように、顧客満足を最大化するためには、**図1.1**で「品質」を中心に考えると(分子にも分母にも影響しますので)解決すべき課題が見えてきます。この考え方こそ、「品質経営」の神髄なのです。

　ISO 9000シリーズの認証を取得している企業ではそろって「品質第一」の看板を掲げています。いうまでもなく、品質第一はコストや納期が第二ということではありません。「品質を無視してコストや納期を重視すると必ずしっぺ返しを食らいますよ」との教えが「品質第一」であり、「コスト・納期も第一」という意味を含んでいるのです。

　良い品質の製品を顧客が納得できるコストで提供できることが安定した利益につながります。つまり、「品質」を高めることで顧客満足も高まるため、安定した利益につながり、社会に必要な企業であり続けることができます。これは全社員が直接的・間接的に、努力をし続けることで達成できることです。裏を返せば、企業が「良い結果を実現し続けている」のなら、企業全体として「良い仕事」を成し遂げていると判断してもよいのです。

1.2　活動上の課題

　良い仕事をうまく実施する(活動上の課題を乗り越える)ために組織がどうあるべきなのかを示したのが、図1.2です。

　図1.2を横方向に見てください。我々が作り上げた製品(商品)(図1.2では出荷品質)が顧客の要求する内容以上であれば、顧客の感動・満足が確保できます。すると、当然の結果として顧客がお金を運んでくれるようになり、安定して利益が確保できます。図1.2の横方向の良い流れと結果が続くことで、我々は(全体として)「良い仕事をし続けている」と誇れるのです。

■仕事に対する避けるべき考え方

　もしも出荷品質で何かまずいこと(例えば、品質クレーム)があった場合、避けるべき考え方は、「我々のレベルではこんなものさ」「たまにはこんなこともあるさ」と片づけてしまうことです。

　全数不良の場合は論外ですが、出荷した製品がほとんど良品で稀に不良が発生するケースの場合は、我々は良い製品を作る実力をもっているのですから、不良が出たときだけ、「我々の行動のなかのどこかに適切ではない、実力を十分に発揮しきれない何らかの要因があった」と考えるべきです。プロに実力不足は禁句です。「我々がベストを尽くしてもできないことがあるとするならば、世界の競合もできるわけがない」くらいの気概はもちたいものです。

　現場で実際に仕事の仕方を眺めてみると、多くの社員は自分の担当する職務を懸命になって遂行しています。しかし、人それぞれに個性があるので、彼らの行動が同じ方向を向いているという保証はなくなり、各人の成果を足し合わせても良い結果になるとは限らなくなります。

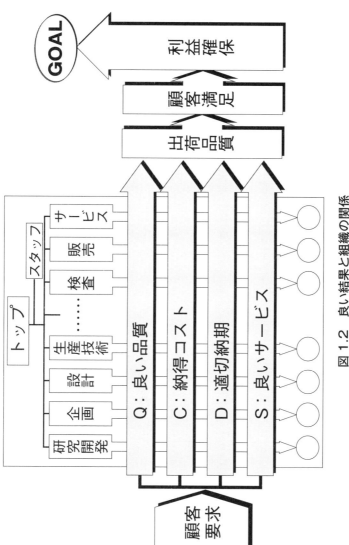

図 1.2　良い結果と組織の関係

　そこで、いくつかの職務グループに編成することで、それぞれのグループが適切な職務を分担し、良い結果をアウトプットできる環境を整えます。このように適切に区分されたグループが発揮する力こそが、組織力なのです。図1.2の縦方向のように、企画グループは良い企画を、設計グループは良い設計をそれぞれ分担しているのです。

　組織では、リーダー（昔でいう部長・課長など）が目標を立て、そこに向かって個々人の力の足し算以上の力を発揮していきます。このとき、リーダーの下にいるメンバーは、リーダーが示した目標の達成度合いに意識を集中させています。

　ただし、もし全部門が目標を達成できた場合でも顧客満足が得られない可能性があります。これは、各部門の目標が顧客満足の達成に向かっていない場合に往々にして起きる悲劇です。組織全体が顧客満足を達成する視点から自部門の役割を認識し、適切な行動に移すことは常に求められます。しかし、ときには自部門の都合しか考えないケースが起きてしまいます。

■自部門の都合を優先し、顧客満足をないがしろにしている例

　以下は、多くの会社で見られる風景です。

　顧客からクレームが入り、品質保証部は早速、関係部門を対象に「緊急対策会議」を招集しました。しかし、会議はギスギスした雰囲気となりました。

　製造部長は「もともと設計に無理がある。これを製造でカバーせよといわれても困る。これは設計部の責任だ」と主張しました。

　すると、設計部長は「顧客要求に応えるためには譲れないところなので、製造時の作業を考えた注意（警告）をつけて出図した。これを守らなかったのは、製造部の責任だ」と応じました。

　このような議論には結論がありません。とても長く続く一方で、

結局、顧客のクレーム対応に役立つ話はできず、互いの責任追及に終始しがちです。

　上記の例では自組織の都合（**図 1.2** の縦方向）で、責任を他組織に押し付けようとしています。これを解決するにはどうしたらよいでしょうか。

　仮に設計部でも製造部でも部長が責任を認めた場合は「責任を認めた部署が対策をすべきだ」という話になりがちです。しかし、「責任を認めた部署が対策をするのが最も確実で効率的」というのは正しい考え方ではありません。なぜなら、環境の変化や諸般の事情（対策の規模・タイミングなど）で次善の策を講じなければならない事態は必ず生じるからです。

　製造でポカミスがあった際の対策に、「ダブルチェックを追加する」といった「作業中の注意事項を追加するケース」が数多く見られます。しかし、作業中の注意事項が増えれば増えるほどポカミスは起こりやすくなります。つまり、緊張には限度があるので、作業中に注意する項目が増えると逆に見逃し・忘れが起こりやすくなってしまいます。求められるのは、注意する言葉をつくることではなく、具体的な行動です。例えば、設計・設備（治工具）でムリを取り除くことができたら作業注意項目が減少し、もっと仕事がラクになるはずです。また、日頃から他部門が協力（ミスが起こりにくい配慮）する姿勢を見せていたら、「あなたのおかげです」といった感謝の念も生まれ、組織間の連携も深まるでしょう。

　クレームを出す顧客は、より早く結果を求めています。部門間の責任の押し付け合いなどは、顧客にとって、まったく関係がありません。

　組織の全部門が、顧客のクレームに「自部門でできることはないか」「何か協力できることはないか」と具体的な実践のリストを考えたうえ

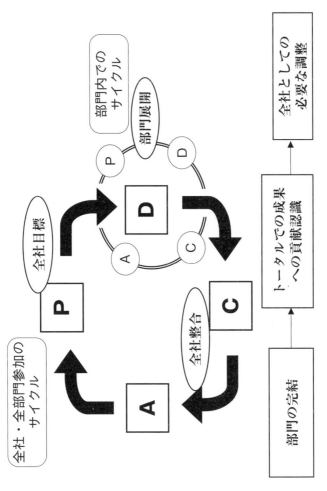

図 1.3 組織の全体で踏まえるべき仕事の流れ

で、全体として最も確実で効率的な方法を選択することが望ましいのです。発生した問題について、責任を追及するのは、別の機会（人事査定など）に改めて行えばよいことです。

　以上、顧客満足の達成に向けて、組織がやるべきことを部門間で分担し合う考え方を解説してきました。**図 1.3** は組織全体で踏まえるべき仕事の流れです。「全社の PDCA サイクルのどの D を各部門が分担していて、全体の良い結果の達成に向けて取り組んでいるのか」を確認してください。重要なのは「組織が仕事をすること」ではなく、「（良い結果を）組織で分担し合うこと」なのです。

1.3　機能別管理

（1）　責任回避を優先してしまう背景

　トヨタグループの各社は 1960 年代中頃から機能別管理を展開しています（機能別管理の歴史・概要は、他の専門書を見てください）。本節では、**図 1.2** の縦方向と横方向のしくみが連携して生み出せる「トータルの良い結果」について考察します。

　繰り返しますが、良い仕事とは「顧客満足を安定して得られ続けていること」です。各部門の連携が円滑に進み、順調に業務が進むことが望ましいのです。しかし、残念なことに、学校でも会社でも官庁でも、個人が組織化されるとどうしても縦（上下関係）の結びつきが強くなります。すると、横の関係を築こうとしてもセクショナリズムの壁が往々にして作られており、そもそも話すら通じないといった事態が起こりやすいのです。

　このような背景から、**1.2 節**で挙げた「クレームに対する設計部と製造部の責任のなすりつけ合い」の例のように、問題の適切な解決に対しては組織が障害となることがあります。マネジメント教育を通じて「基

幹職に就いた人は常に顧客満足の達成に眼を配って行動せよ」と教えても、当事者はどうしても「責任を回避したい」と考えてしまいがちです。

(2)　全体最適を目指す機能別管理

　品質を確保する活動を(監査を含む)12のステップに区分した考え方(図1.4)では、「各ステップで良い結果をアウトプットし後ステップに伝達して、サイクルを円滑に回す」としています。このとき、顧客の信頼と満足(GOAL)を確保しながら、さらにレベルアップしたサイクルが円滑に心地よく回り続けること(つまり、スパイラルアップ)が実現します。

　機能別管理では、最初に部門の役割を考えずに、「トータルで良い品質を確保するにはどのようなことがなされていなければならないか(図1.2の横方向)」を考えます。これで品質確保のために(全社として)必要な業務の流れが明確になります(品質の一貫性)。各部門は、これらの業務を分担したうえで、完成度を上げるべくベストを尽くします(各ステップのアウトプットが全体のサイクルのねらいと整合がとれているかを監査で確認し、必要に応じて調整を図ります)。

　図1.5に機能別管理の組織例を、図1.6に各ステップで必要なアウトプットを、図1.7に各業務を明文化した(品質保証規則)の構成例を示します。これら図1.5の運営、図1.6の構成内容、図1.7の具体例は理想形ではなく、あくまでも一つの事例です。各企業で自社の組織体系や文化に適合した運営を工夫する必要があります。

(3)　機能別管理の運営

　機能別管理は、以下の①〜④の意思統一の場(本例では会議体)を基本として運営していきます(図1.5)

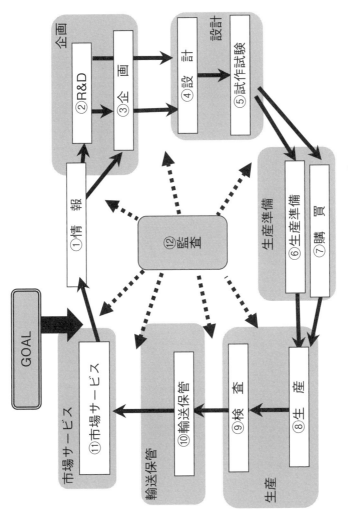

図 1.4　品質保証の 12 ステップ

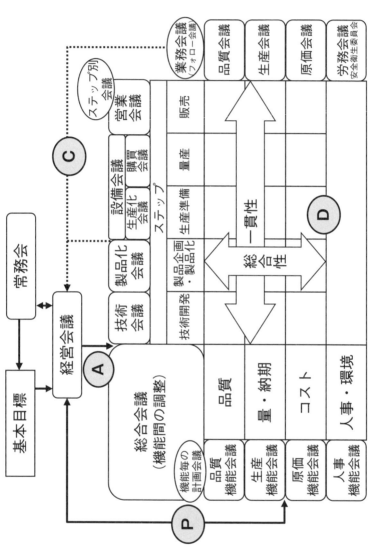

注）　トヨタ車体の例（1980年度日本品質管理賞）

図 1.5　機能別管理での組織・会議体の役割

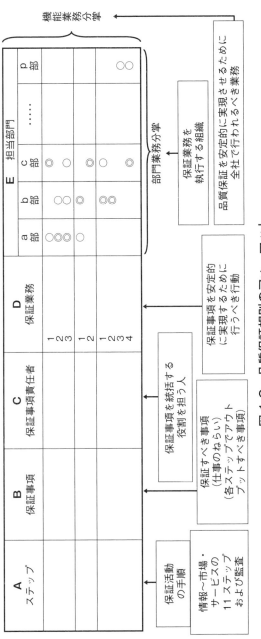

図 1.6 品質保証規則のフォーマット

図 1.7 品質保証規則（例）

A ステップ	B 保証事項	C 保証事項責任者	D 保証業務	E 担当部門				
				a 部	b 部	c 部	‥‥‥	p 部
市場・サービス 市場品質情報の収集	市場品質の適正	サービス部長	市場品質 目標の設定	◎				
			市場品質情報の収集		◎	○		
			初期品質活動計画 の設定			○		

① 機能会議(機能別 Plan)

　役員・機能総括部門の長で編成されています。各機能の中長期および活動の反省から課題を整理し、戦略を検討します。定例では、年に4回(各2時間)程度計画されています

② 総合会議(全社としての Plan)

　各機能で出された課題の整合(背反事項などを調整)をとります。そして、全社の課題に整理したうえで、実施事項を検討するための前提条件(ヒト・モノ・カネなどの制約条件)を提示します。役員と機能総括部門の長がメンバーで年度方針の立案時期に計画されています。

③ 業務会議(機能ごとの Check・Action)

　関係部門の部長級がメンバーとなります。行動結果の状態から苦戦内容をチェックし必要に応じて戦術の転換を審議します。影響の大きな課題は経営会議に提起します。この会議はフォローがねらいですから課題・問題への対応を早めるために毎月実施しています。対策会議ではありませんので、1時間程度の情報共有機会となっています。

　議題はほとんど定例化しています。品質会議の例を示します。

- 先月の品質概況(市場・製造品質での特記事項)
- 重要問題解決状況(苦戦問題の戦術変更要否)
- 品質をめぐる社会動向(法規変更などへの対応課題)
- 品質に関するイベントなどの連絡(ISO 監査予定など)

④ ステップ別会議(ステップごとの Plan と Check・Action)

　関係部門の長で編成されています。開発・生産の各ステップの進行状況について、調整や、戦術転換の要否を協議します。

⑤ 各部門の業務遂行(部門業務での Do)

　各機能から要求された内容を保証すべく、各部門は業務遂行の

PDCA サイクルを回します(業務では、Q・C・D などを区分してアウトプットすることはできませんので総合化して取り組む必要があります)。

①～④で関係者が課題・戦術を共有することで各部門の活動ベクトルを合わせています。ここでは、**図 1.2** における横の流れを重視し、P(プラン)・C(チェック)・A(アクション)は機能別に検討し、D(ドウ)は各部門が担当する(**図 1.2** の縦の流れ)という形が読みとれます。

図 1.5 に示したトヨタ車体の機能別管理では、**図 1.4** の 12 ステップを、企画・設計・生産準備・生産・輸送保管・市場活動の 6 つにくくって、これらをサブシステムとしてとらえています。それぞれのサブシステムを連結して全体のシステムを回すと考えると、それぞれのサブシステムに要求されるアウトプットがイメージしやすくなります。これをさらに細分化して 12 ステップの保証事項として整理したのが品質保証規則なのです。

図 1.5 のトヨタ車体の例では、「全体としての PDCA」「開発のステップごとの PDCA」「各部門の PDCA」の 3 サイクルを有機的に結合させて確実な成果に結びつけようとしています。

(4) アウトプットのための業務を明文化した品質保証規則の構成例

品質保証規則の内容(**図 1.6**)は以下のとおりです。A・B・D を明確にしたうえで、C・E を割り付けます。

- A(ステップ):**図 1.4** の 12 ステップのこと
- B(保証事項):当該ステップでアウトプット(保証)されるべき事項(ステップ業務の順に合わせて)
- D(保証業務):B の質を確保するために必要な行動(業務)
- C(保証事項責任者):B のアウトプットを管理する人物。基幹職のなかから指名される。基幹職は部門の長であるとともに経営の

　　スタッフであると認識することが要求されている。保証事項責任
　　者はBの目標を満足させるために実施事項を統括して最適解を
　　導くよう部門間の調整役を担う。

　　• E（担当部門）：現在の組織で保証業務（D）の、「主体がある部署」
　　　と「関連する部署」を明確にしている。組織変更などがあった場
　　　合に機能総括部署が見直し、割付けを行う。

　図1.7のような品質保証規則によって、各部門は、組織全体における
自部門の役割を認識できるようになります。さらに、コスト・生産管
理・人財の規則と合わせれば主たる機能が網羅されるため、部門業務分
掌が明確になります。

　仮に保証上の重大な事案が発生した場合には、当該事象への対応とと
もに、本規則の保証事項・保証業務に好ましくないこと（時代の変化に
合わないことも含む）があったと判断し、当該業務の質改善に取り掛か
り、結果を保証業務に反映させること（標準の見直し改定）で活動の基本
を最新かつ最適な状態に保ちます。

■品質保証規則がないために本質的なムダを見逃している例

　ある企業では、毎年2月1日に定期的な組織の変更が行われてい
ました。事業年度は4月なので、2月というのは次年度の重点課題
がほぼ固まってきたタイミングです。組織変更の担当者から「重
点課題達成のために最適な業務編成視点で見直している」という考
え方を聞かされて、感心させられました。しかし、問題もありまし
た。

　この企業では、人事当局から新組織の長に対して「1週間以内に
新組織の業務分掌を整理して提出せよ」との通達が出ると、新組織
の幹部は各組織内で相談したうえで、整理した業務分掌を提出しま
す。人事当局は集めた全部門の業務分掌をホッチキスでとめ、全社

全部門の業務分掌として公示するのです。

　これでは、他部署とダブっていたり、必要なことが抜けていても気が付きません。何かトラブルが起こるまで問題が放置されてしまうことが容易に想像できました。

　品質保証規則があれば、新しい組織は自部門の保証業務を確認することができるため、期待される役割をより果たしやすくなります。さらに、問題が発生した場合には、個々の問題の解決を図り（消火活動）、「どの保証事項、どの保証業務に不適切があったのか」「どの保証事項のレベルを上げる必要があるか」（再発防止、防火活動）という議論ができるようになるのです。

　部門の業務分掌を、部門の幹部が独自に決めるだけではなく、会社全体のなかにおける自部門の役割を認識したうえで業務の改善や改革のテーマを設定する活動が見えてくるのです。

　品質保証規則の各保証事項のインプットとアウトプットを線で結ぶと、それぞれの仕事の関連性が見えてきます。これを図化し、フィードバックの位置を書き込むと、品質保証体系図が完成します。

　また、新製品開発の効率化などでは、開発日程に保証事項に対応する業務の開始とアウトプットの時期を明確にすると開発日程計画ができ上がります。昨今のフロントローディングでは品質保証体系図に示したインプットとアウトプットが時期的に逆転する（前ステップのアウトプットよりも前に、後ステップの業務がスタートする）ことがよく起こります。つまり、前ステップは絶対に後ステップを裏切らない結果を保証しなければなりません。そのための事前検討のやり方が重要であることが見えてきます。

　品質保証規則は各ステップに求められる基本事項を示しています。いわば、国家にとっての憲法の条文に近いといえます。実際の運営では各

規則に標準・要領・手続きなどの標準類が関連していくため、標準の管理も漏れなくできることになります。

　TQMでは、仕事のしくみ構築を大切にしています。これまでに説明した内容は、良い結果を導くための仕事のしくみ・体制に関する企業の例を用いながら紹介してきました。重要なことが見えるようにルール・体制を整えていくのに、「トップが動かない、当社にはそんなしくみはない」と言わないでください。しくみは、それぞれの会社の皆さんで作り上げるものです。

　筆者の経験では、しくみはいつのときも中間管理者が中心になって検討し、構築しています。中間管理職は仕事の中身が最もよく見える立場なのですから当然のことです。「トップの指示に応える」のは並みの管理者であり、「トップをその気にさせる」のが一流の管理者であるとの気概をもってください。

　自分たちの企業体質に合った、「努力がしっかりと成果に結びつくような良いしくみ」を作り上げてください。本書をそのための参考にしてもらえると幸いです。

第 ② 章

良い仕事を測る
（管理項目）

本章の要旨

　関係者の認識を共有するためには、良い仕事・良い結果を客観的に測ること(管理項目)が必要です。管理項目とは、成し遂げた仕事の結果の状態を測るものさしです。

　本章では、「管理項目」と「管理項目の設定手順」を説明します。

　管理項目は難しく考えるとかえってうまく設定できません。仕事のねらいとプロセスを整理してそれらの状態を意識することで設定できます。

　客観性のある管理項目を設定することが方針をうまく展開するための鍵でもありますので、非常に重要な章となっています。

2.1　管理項目とは

　良い仕事とは、良い結果を生む行動であることはすでに繰り返して述べてきました。

　　「皆がベストを尽くしてやったのだからうまくいかなかったのは仕
　　方がない」

　　「一生懸命やったのだから……」

など は良い仕事を表現してはいないのです。極論すると、同じ結果を出すのなら一生懸命でなくてもよいし、汗の量は少ないほうがよいのです。これらは単に慰め合っている言葉でしかありません。

　企業の仕事は、通常、複数の人が関係し合って行われています。したがって、良い結果を関係者全員で共有しなければなりません。

　　(例1)　「部下が成長してくれたことが目に見えてわかる」

　　(例2)　「自分の立てた事業計画が満足に達成できた」

　　(例3)　「自分の関与したプロジェクトが大成功だった」

　これらはいずれも、「良い結果」を表現しています。しかし、これらの例で共通しているのは、主語が「私」である点です。これでは、他の人には具体的な結果がわからないので、自己満足でしかないのかもしれません。結果には、「客観性」「納得性」のある表現が必要なのです。関係者が、「なるほど」といえるためには明確な評価の尺度が必要です。

　　「生産工程でムダの排除をした結果、年間で100万円のコスト削減
　　ができた」

　　「コンカレント開発にチャレンジした結果、開発期間が従来よりも
　　10カ月短縮した」

など定量的な表現をすることによって、削減金額や開発期間の短縮のレベルがわかり、客観性が保てます。

　数値化が難しい場合、例えば営業で、「客先窓口担当者との連携を密

にした結果、相手側からも電話してもらえるほど親密度が高まった(営業しやすくなった)」など、程度がイメージできる定性的な表現でも構いません(例えば、「得意先担当者との親密度」など)。

このように、「成し遂げた仕事のできばえ」を見るものさし(前例では、削減金額、開発期間、顧客との親密度)を、「管理項目」といいます。

2.2 企業体質を測る

会社全体で見る良い結果の代表格は、「経常利益」です。これを展開すると、図2.1に示すような系統図になります。企業の経営計画にとって収入と支出のバランスを見ることは非常に重要であり、利益計画の検討には必須の展開です。

ところが、この系統図だけでは具体的な行動が見えません。

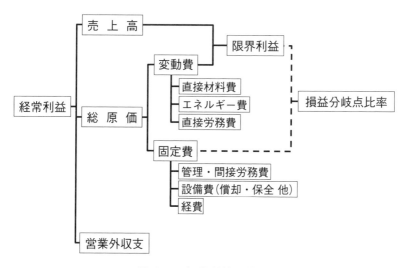

図2.1 経常利益の構成

　例えば、「売上増」といっても、「開発陣が売りやすい製品を開発する」「生産陣が出来栄え不良で顧客を裏切らない」「サービス陣が修理のまずさで顧客の不満足を作らない」など、全社全部門が関係して動かないといけません。残念ながら、**図2.1**の系統図のみでは活動の着眼点が見えにくいのです。つまり、経常利益は全社活動の結果として得られる基本目標といえます。

　ここで、「企業体質」（良い結果を生む良い行動ができる実力）を考えます。「基本目標（売上・原価）を達成するためには、仕事としてどのような実力を蓄えていなければならないか」を機能ごとに整理します。これらが望ましい状態であれば、初めて基本目標の達成が期待できるのです。**図2.2**に企業体質の構成例を示します。

　各部門は**図2.2**の体質を強めるように仕事のレベルを上げていきま

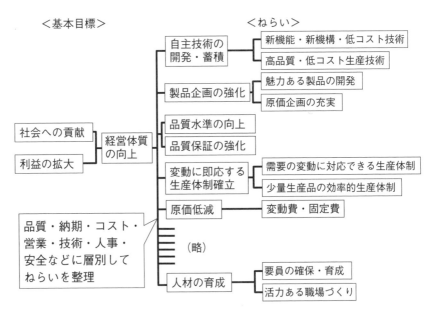

図2.2 「企業体質」の構成（例）

す。強い企業体質を構築して初めて利益計画が満足できるのです。このとき、利益計画は**図 2.1**の観点で立案し、活動は**図 2.2**の内容を着眼点にして行います。

■実行部隊が困った展開の例

　ある機械製造の企業でトップが目標に「利益」を掲げ、各部に目標となる利益額が配分されました。それはよいとしても、肝心の「どのような根拠で配分されたのか」が不明でした。

　製造部門には「目標利益額」の提示はなじみません。なぜなら、誰でも思い付くような下記の「施策」が簡単に実行できない事情があるからです。

　　① 　生産量を増やす
　　② 　生産性を上げる
　　③ 　品質不良ロスを減らす
　　④ 　購入品も含めた材料のコストダウンを図る

　①を実行しても、実際に売れなければ在庫となり、むしろ全体の利益を阻害するだけです。また、②〜④は製造部門だけではなく、設計・生産技術・調達部門などと連携しなければ実行できません。仮に各部門の連携で得られた効果額を各部門に按分してみても、結局は自己満足でしかありません。

　「結局は数字のつじつま合わせをしているに過ぎない」と気づいた製造部長は、「利益額の追求は企業の基本目標である」と理解したうえで、社長と目標を実現する手段をすり合わせました。

　その結果、生産現場に存在するロスのなかで挑戦すべき項目に対して、「生産性」「品質」「部品コスト低減」などを直接表すものさしに置き換えたうえで、各課に目標値を提示しました。

　製造部門の人達が「今日の活動で○○円利益を創出した」を直接

感じながら仕事をすることは難しいです。そのため、自分たちの活動結果が直接見える目標項目を設定できたほうが、現場の一人ひとりに具体的でわかりやすくなるのです。

図2.2で示した企業体質の系統図なら、機能ごとに目標を設定でき、行動の結果を直接測ることができます。さらに、各組織がそれぞれ目標を定めることでプロセスの管理が可能となります。

図2.3は、トヨタ車体でコスト機能総括部門が整理した原価管理マトリックスです。利益計画で算出される費目を管理区分で示した項目(体質を計る項目)に分解して各組織には管理区分費目で目標を提示しています。利益計画の費目区分と管理区分は1:1では対応しないので、解析したうえで最も適切と思われる目標配分をしています。

2.3　管理項目の望ましい活用の仕方

あるプロジェクトが展開されたとき、このプロジェクトが完結したときの結果の状態を測るのが管理項目です。

図2.4でさらに考えてみることにします。

どのようなプロジェクトでも、完成時点で成功していれば何も問題はありません。しかし、成功したとはいえない場合は取り返しがつかないことにもなりかねません。プロジェクトは終結していますので遡って対策することはできません。すでに過去となった活動を反省してもそれを反映できるのは次のプロジェクトまで待たねばなりません。しかし、こんなゆっくりとしたサイクルでは取り残されてしまいます。

発想を変えて結果指標(管理項目)の意味を考えてみましょう。つまり、スタート時点で「このプロジェクトはどのような結果をもたらすことを期待しているのか」を明確にするのです(この値が挑戦的なレベル

管理区分 → / 費目区分 ↓	新製品原価企画活動	VA活動 重点製品	VA活動 一般製品	仕損じ費低減活動	直接作業部門工数低減活動 新製品	直接作業部門工数低減活動 定常	総就業時間低減活動	事務の合理化活動	経費低減活動	設備投資低減活動	TPM活動	定常生産ロス低減活動	保全費用低減活動	省エネルギー活動	開発費低減活動	立上りロス低減活動	製品別限界利益管理	工場別損益管理
変動費 直接材料費	○	○	○	○													○	○
労務費 直接作業部門 通常	○					○					○	○				○	○	○
労務費 直接作業部門 特定					○	○										○		○
固定費 労務費 管理間接部門 事技員							○	○							○			○
労務費 管理間接部門 間接作業員							○	○							○			○
変動費 経費 変動経費		○	○						○		○		○	○			○	○
固定費 経費 経常経費									○				○					○
固定費 減価償却費 専用設備	○									○	○							○
減価償却費 汎用設備										○	○							○
主担当部署																		

図2.3 原価管理マトリックスの例(トヨタ車体)

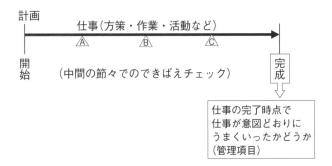

図2.4　管理項目の考え方

である場合は目標値と言い換えます)。

　ゴールの期待レベルを明確にできれば、「目標達成のために、どのような活動を、どのようなレベルで行わなければならないか」を検討することができるようになります。こうすることで、良い結果に向かって必要な業務を明確にすることができる(what―how)ので、それらのバランスをとることによって各部の行動計画が明確になります。

　良い結果を実現するためには、「活動が順調に進行しているかどうか」を確認して必要に応じて軌道修正をしていかねばなりません。「区切りのよいところ(節目)で活動内容がよい方向に向かっている。遅れがない」などを確認し、軌道修正・挽回策の要否などを検討します。**図2.4**で、A～Cは活動の節目となる地点です。ISO 9000シリーズ認証を取得している企業では、DRポイントをイメージしてください。

　例えば、A地点で「最終ゴールの目標にたどり着くためには、どのような状態を実現していなければならないか」を検討します。このとき、「良い結果に向かって一歩一歩、良いリズムで歩んでいるぞ!」と実感できていればよいのです。しかし、「良い結果に向かっている手応えがない」など、好ましくない場合は、急いで手を打たねばなりません(挽回・軌道修正など)。それはB、C地点でも同じです。

　ところで、A 地点で順調かどうかを測るには何を見たらよいのでしょうか。考え方は簡単で、スタートから A 地点までを一つのプロジェクトと考えるのです。すると、A 地点が一つのゴールになります。つまり、トータルのゴールから逆算して、「スタートから A までの活動でどのような結果を作り上げなければならないか」を考えたうえで、良い結果（管理項目）を決めればよくなります。同じように、「B 地点では A から B までの良い結果」「C 地点では B から C までの良い結果」を考えることになります。

　同じ考え方で、スタートから A 地点までの活動をさらに細分化していくとどんどん細かい地点での通過状況を定められます（B・C についても同様です）。最終的には「今日の仕事でのアウトプット」までたどり着くことになります。「良い仕事」とは、「何をするか」ではなく「（何をして）どのような状態をアウトプットしたか（結果）」で決まります。

　管理項目とは、この結果を測るものさしなのです。そして、「プロジェクト全体の途中で、活動の順調さを測るものさし」を「プロセスの管理項目」といいます。

　例えば、プロジェクトをスタートさせるときに、リーダーが、「新製品キャンペーンの遂行」「顧客リストの整備」のような目標を掲げるケースをよく見かけます。いずれも大切で重要なことですが、単にテーマを示したにすぎず、「良い結果」の程度がわかりません。こうなると、関係者は「一生懸命やるけどねぇ……」という姿勢で取り組むしかありません。当然のことですが、目標のレベルによって求められる行動はいろいろと変化します。

　以上で示したのは、管理項目の連鎖（最終目標から、各プロセスの目標を逆算する）モデルです。実際の仕事では、**図 2.4** のように一直線ではなく、各部の仕事が複雑に絡み合います。

「結果に対する要因を決める」

「決めた要因を結果とみなして、さらに細部の要因へと深掘りしていく」

「深掘りした要因への取組みを各部（組織）で分担する」

のように、細部要因に対する実施事項を有機的に絡み合わせて好ましい良い結果を実現させてください（図2.5）。

　図2.6に某社の品質の管理項目系統図例を示します。この会社では、

「新製品で魅力的な製品の提供ができている」（顧客の感動）

「顧客に迷惑をかけていない（不具合）」（正常な可動）

「社会的責任を果たしている（リコールなど）」（社会的な責務）

を、良い品質の3要素と定義して、実現のための活動を図るプロセス指標に展開している様子が示されています。

　管理項目は結果を測るものさしですが、ありたい姿のレベルを示すものさしでもあるのです。

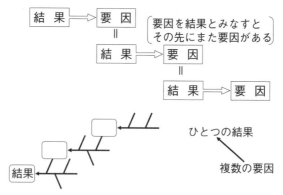

図2.5　管理項目の連鎖

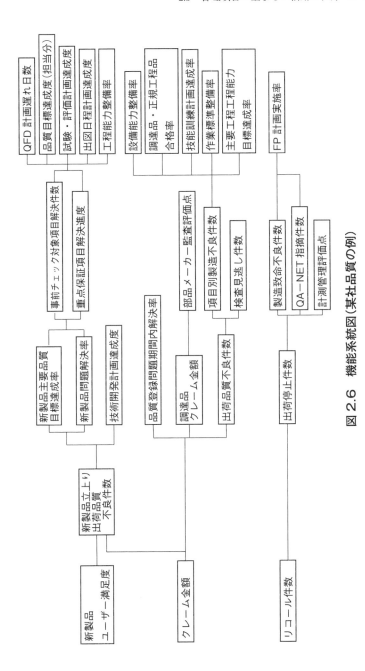

図 2.6 機能系統図（某社品質の例）

2.4　管理項目の考え方

(1)　管理項目は仕事のねらいではない

　仕事には、ねらい(目的)があります。管理項目とは、仕事がねらいどおり達成できているかを測るものさしです。仕事のねらいを示すものではありません。

　「○○の良い結果を△△で見る」といった場合、○○はその仕事のねらい(目的)で、品質管理では管理点と呼びます。そして、△△が達成のレベルを測るものさし(管理項目)となります。ものさしは、場合によっては直接測れるものばかりではなく、代用特性を用いることもあります。

■管理項目とねらいを混同させた誤り

　某社で、品質担当のトップが、「市場クレームに伴うロスコストを低減せよ」と指示を出しました。

　品質担当の指示ですから、ねらいは品質不良を低減させることであるはずです。

　指示を受けた事務局が、過去の市場ロスコストのパレート図を作成して検討したところ、最上位項目は「出張修理費」でした。「ロスコストを下げるには出張修理費を低減するのが効果的だ」と考えた事務局は「不良が発生しても電話で説明し、できる限り出張はやめる」との重点方策を立てました。

　果たして、これは正しい方策といえるでしょうか。

　「良い品質の状態を市場ロスコストで測る」観点に立てば、そもそものねらいは良い品質づくりのはずです。出張修理をやめるというのは、本末転倒と言わざるを得ません。

　ねらいを忘れて管理項目だけを解析すると、このケースのような

ことも起こり得るので注意が必要です。

管理項目について、以下にいくつかの例を挙げました(**太字**が管理項目)。

① 身体の健康バランスを**肥満度指数**で見る。
② 生産性を**一人当たり生産本数**で見る。
③ 製品のできばえを**クレーム件数**で見る。
④ 製品のできばえを**最終検査指摘件数**で見る。
⑤ 工程の安定状態を**工程能力指数**で見る。

このように管理項目が定まったら、次に以下の2項目についてありたいレベルを設定します。

- 「目標値」：要改善項目の場合は到達(挑戦)レベル
- 「管理水準」：維持項目(ばらつき幅　○○ ± △△)

(2) 適切なものさしづくりのための留意点

仕事の良い状態を測るのが管理項目(ものさし)ですから、いくつかの制約条件があります。

① よく使われる指標は、絶対値(○円、×件など)、割合(%)、度合い(達成度や進度)などです。いずれにしても、計算式の定義をはっきりとさせておくことが必要です。その都度、指標の定義が変わってしまうと良さの比較ができず、使えないデータになってしまいます。

② ものさしの値は、「大きいほど良い」「小さいほど良い」「安定しているほど良い」などが、一義的に決まることが必要です。場合によって判断が変わってしまうと良さが定義できません。

例えば、品質の良さ加減を測ろうとするとなかなか良い指標がイメージできません。そんなケースでは良い状態を、逆に「ク

レーム件数」のように悪さ加減で見ると、「値が小さいほど品質
は安定している」と考えられます。

③　値の算出に多大な手間を要しないことが重要です。値の算出が
仕事になってしまっては困ります。

■管理項目の設定例

　某半導体メーカーで、開発段階で設計者が作図する前に、有識者
がアドバイスをする機会(事前 Design Review：事前 DR)を作った
ところ、図面の質が向上(やり直しが減少)しました。

　これを受けて、事務局では、今後の開発での有効なプロセスとし
て、管理項目に「事前 DR 回数」「事前 DR 指摘件数」を設定しまし
た。しかし、果たしてこれらの数は多いほうがよいのでしょうか。

　矛盾に気がついた事務局は、「事前 DR 指摘漏れ件数」に改めま
した。これによって、アドバイス漏れを防ぐための事前検討のしく
みを検討する必要が出てくるとわかります。

　「どうして、あのときにこれを指摘し忘れたかな」といった思い
をすることは少なければ少ないほど良いに決まっていますから。

2.5　管理項目設定のメリット

　良い結果(状態)を関係者が共有できるのが管理項目であると繰り返し
述べてきました。好ましくない状態であればすぐに対策(改善)しなけれ
ばなりません。アクションのタイミングや実行する人を明確にしておく
ことが必要です。

　• 管理項目：良い状態のレベルを測るものさし
　• 管理責任者：実績を確認し必要なアクションをとる責任者
　• 管理水準：ありたいレベル(挑戦の場合は目標値、維持の場合は

　安定度を判断するばらつきの幅)
・管理頻度：アクションのタイミング(管理項目をチェックする頻
　　度、管理のサイクル)

　特に重要な管理項目には定めておかねばなりません。管理項目を適切
に設定できれば、いろいろな面で管理の質向上が期待できます。例え
ば、『方針管理活用の実際』(赤尾洋二著、日本規格協会)では、以下のメ
リットを挙げています。

① 上下・左右の仕事上の重複がなくなる(管理の重複の除去)。

② 上下・左右の仕事上の抜けがなくなる(管理の間隙の排除)。

③ 重点管理すべき事項が明確になる(仕事の重点指向)。

④ コミュニケーションが良くなる(上司と部下の融合)。

⑤ 責任・権限の明確化と大幅な権限委譲ができる(権限委譲は人
　　材育成)。

⑥ 管理センスが向上する(プロセス評価の重要性理解)。

⑦ 管理のネットワーク確立により全員参加、全部門参加の活動が
　　実現する(全社ベクトルの統合)。

■避けるべき管理の事例1：管理の重複

　某社(プリンターメーカー)で体験した品質保証部の面々との会話
です。

　　筆者：「あなたは品質の良さを何で見ていますか」

　　部長：「市場クレーム率で見ています」

同じ質問を品質保証課長に尋ねてみれば……。

　　課長：「私も市場クレーム率を見ています」

さらに、主任にも聞いてみると……。

　　主任：「私も……」

つまり、管理責任者が3人ダブっていたわけです。こうなると、

「誰が責任をもってアクションの指示をするのか」わからなくなります。三者三様に指示されてしまうと指示を受けた人はたまりませんね。

■避けるべき管理の事例2：権限委譲と責任放棄の取り違え

とある中間管理職が、部下の成長が著しく、頼もしいので、従来よりも壁の厚いテーマを指示しました。

「今回はこのテーマに挑戦してくれ、君の裁量に任せるから」

意気に感じた部下は頑張ったのですが成果はいまいちです。それを見た上司はついつい怒鳴ってしまいました。

「なんだこの結果は！　君に任せたのだから後始末も自分でするように」

こうして部下はすっかり自信をなくしてしまいました。

これでは上司の責任の放棄です。管理責任を移譲することはできません。上司が、「君の裁量で挑戦してみろ。結果については私が責任をもつから心配せずに頑張ってみなさい」というのが、実施事項を任せること(つまり、権限委譲)なのです。

上司は常に活動状況をチェック(プロセス管理)し、任せた部下が苦戦していないかを眺めて彼が成功に向けて活動できるようにアドバイスをしなければなりません。このような活動を通じて部下は急速に成長するのです。

■避けるべき管理の事例3：部門の管理項目

某半導体メーカーの品質保証部長と、こんな会話がありました。

筆者：「あなたの管理項目例を教えてください」

部長：「市場クレーム件数です」

筆者：「もしも、クレームが低減しなかった場合はあなたの仕
　　　　事が悪いと反省されますか？　責任を感じますか？」

部長：「とんでもない。設計がミスをしたり、製造がちっとも
　　　　動かなかったからだ。むしろ私は被害者だ」

筆者：「だったら、クレーム件数は品質保証部長の良い結果で
　　　　はなくて全社の良い結果ではないですか？　品質保証部
　　　　の良い結果とは何でしょうか？」

部長：「……」

　良い仕事・良い結果について管理間接部門の当事者と話すと、こ
のような会話になることがよくあります。管理間接部門では、自部
門のアウトプットがわかりにくいため、このような会話になるので
す。

　このケースで筆者は、「自部門のお客様は誰か。お客様がありが
とうと言ってくれる状態とはどのような状態かを考えてみてくださ
い」と部長にアドバイスしました。

■参考にすべき管理の事例４：顧客満足が良い結果

　最後に参考にすべき管理項目の例です。これは、ある会社の工場
長秘書が考えた管理項目です。

　「私にとっては工場長さん・幹部職員さんの両方ともがお客様で
す。工場長が緊急出張する場合などは素早く諸準備を整えることと
会議予定の中止を幹部の方に連絡しなければいけません。物忘れは
禁物です。そこで、「"キチンとしてくれないと困るよ"といわれた
回数」を管理項目に設定しました」

　これはお客様を大切にしたわかりやすいものさしだと思います。

2.6　管理項目活用の業務展開事例

　管理項目を設定し、展開された事例を紹介します。

　この事例は、ガラス屋(ガラス瓶メーカー)の工場長が展開したもの
で、それぞれのプロセスは下記のとおりです。

(1)　工場がうまく稼働している姿を整理(管理項目を作成)した

　工場長は、「生産諸元」「計画停止」「異常停止」を三本柱とし、生産諸
元ではサイクルタイム(回転数)と生産効率に分類して管理項目を考えま
した(図2.7)。

　ガラス屋の場合、型替え時は金型が十分に熱くなるまで生産ができま
せん(初日効率)。さらに、生産に入った場合は歩留まり(良品率)が上下
します(2日目以降効率)。これらを柱としてプロセス指標(要因を計る
ものさし)へと展開しました。

(2)　年度目標でトップから1%のレベルアップが指示された

　過去の実績データの検討(省略)にもとづき、効果的な(効果が期待で
き、かつ取り組みやすい)目のつけどころを検討して、プロセス項目を
選定(図2.7の網掛け部分)しました。

(3)　選んだ(挑戦する)管理項目を系統図に整理した

　図2.7の網掛け部分(挑戦項目)について、管理責任者を明確にして系
統図で整理しました(図2.8)。

(4)　各組織(課長以下)で実行計画を設定した(省略)

　各リーダーは実施事項の進捗、目標達成度合い・上位目標への貢献度
合いなどを管理しました。

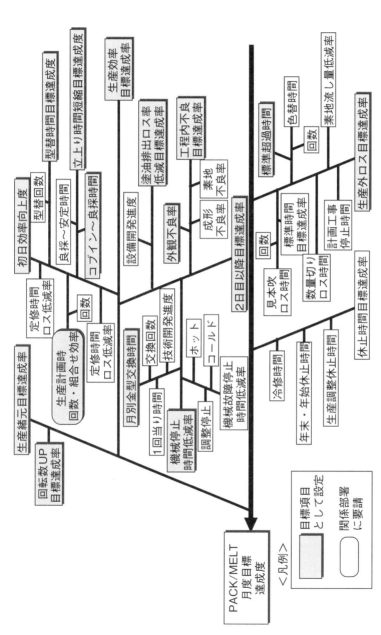

図2.7 管理項目(例)

注) PACK/MELTとは、原料投入量に対する製品採取量で装置工業では重要な指標です。

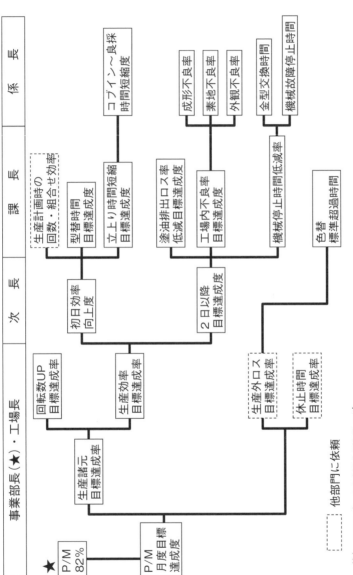

図2.8 目標系統図

注) P/Mは、PACK/MELTの略

事業部長(★)・工場長　次　長　課　長　係　長

P/M
82%　★

P/M
月度目標
達成度

生産諸元
目標達成率

回転数UP
目標達成率

生産効率
目標達成率

生産外口ス
目標達成率

休止時間
目標達成率

初日効率
向上度

2日以降
目標達成度

型替時間
目標達成度

立上り時間短縮
目標達成度

塗油排出口ス率
低減目標達成度

工場内不良率
目標達成度

機械停止時間低減率

色替
標準超過時間

生産計画時の
回数・組合せ効率

コブイン〜良採
時間短縮度

成形不良率

素地不良率

外観不良率

金型交換時間

機械故障停止時間

他部門に依頼

　本例のように、全体の目標項目に対する要因系を整理しておくと、過去の実績から改善すべき項目の選定が無理なくできます。

第 3 章

方針管理

本章の要旨

　仕事での活動をねらいで分けると、「変えない(維持)活動」と「変える(改善)活動」に分類されます。

　解決のために大きな壁を打破しなければならない課題や問題に対しては、関係者の知恵を結集することが有効です。全社の知恵を結集して難関を切り開いていく活動が方針管理です。

　本章では、方針管理に必要な「課題の整理」「方針の設定」「各部への担当割付け」「下方展開」「フォローのあり方」の着眼点について、順に詳述します。

　また、読者の皆さんに方針展開の流れを見てもらえるよう、それぞれの項目で実例を付け加えました。

3.1　維持と改善

　企業は、いついかなるときでも、今よりもさらに体質を向上させよう と努力を続けなければなりません。環境は変化しますし、競合も追いか けてきますので、今がどのように良くても足踏みしていると相対的には 退歩してしまいます。特にトップの方は、体質強化に対して貪欲でなけ れば部下がついていけません。

> ■筆者からの問い
> 　トップが、体質向上のために何らかの目標を定めた場合、それを 達成するのに必要なプロセスはどのようになるでしょうか。
> 　以下を見る前に一度メモをとるなどして考えてみてください。

　ねらいの観点から仕事を分類すると、「維持」と「改善」の2つに大 別されます。この詳細なイメージは、**図3.1** のとおりです。**図3.1** の縦 軸は企業体質（良い仕事ができる実力レベル）、横軸は時間を示していま す。

（1）　維持（保つ）の活動と標準化（守る）（㋑）

　現在すでに達成できているレベルを下げてしまうと後でどのような素 晴らしいことを実現しても持続せず、砂上の楼閣となってしまいます。 ㋑のレベルを保つためには、今までのやり方を変えないことが大切で す。この活動を「維持の活動」といいます。

　今までのやり方を変えないためには、従来のやり方が共有化されてい なければなりません。手順、急所、異常時の対処などが定められて、誰 がやっても同じ行動ができている状態を「標準化」といいます。

　標準化ができていれば活動が守られているので安定した結果が得られ

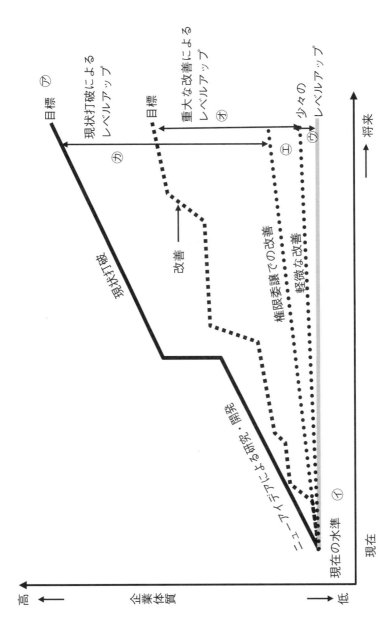

図 3.1 維持と改善

出典）島田善司氏作成の図を筆者が一部改変

ます。

（2）　守る行動を真剣に続けることによる付随効果（⑦）

　「守る」活動ができれば安定が保たれることは当然ですが、実は守り続けられれば少しのレベルアップが生じます（⑦）。

　毎日同じ仕事をしている人達なら「こうしたらもっとラクにできそうだ」「○○を××したらどうかな」「今日はいつもと違う」などを敏感に感じることができるので、そこから新しいアイデアが生まれます。だから、守る行動を続けていれば結果はますます安定するわけです。

　こうした活動を支援し、働く人たちが仲間として参加している楽しみを高めるために考案された活動が「QCサークル活動」や「創意くふう提案制度」なのです。

　上記の活動が定着すれば、従来よりも状況が良くなるのは確実です。しかし、もっと高いレベルを達成しようとすると、「守る」だけでは不十分です。どこか仕事のやり方を「変えていかねば」なりません。

　この変えるための活動が「改善活動」です。改善には、今のやり方のどこかを変える（狭義の改善）と発想の転換を図る（改革）の活動があります（⑦、⑦）。

（3）　権限委譲で人財育成（⑦）

　管理項目の項で説明したとおり、部下が順調に成長している場合、多少ハードルが高いかもしれない改善テーマを任せて挑戦させることが育成のチャンスになります。動機づけられた彼ら・彼女らは従来以上の力を発揮して、問題の解決にまい進するでしょう（権限移譲は人財育成の最大のチャンス）。ここで得られた成果が標準化できれば、⑦に到達します。

(4) 従来のやり方のどこかを変える(オ)

　どのような組織でも、長く仕事を続けてきた先輩方が、必要に応じてまずい点を改めてきた(改善してきた)歴史があるものです。この先輩方の努力があればこそ、日常的に組織に要求される事項の、ほとんどの場合にうまく行動できるようになっています。企業の歴史は改善の連続であったといっても過言ではありません。

　しかし、そのような組織でも問題は起きるものです。

　現在のやり方でほとんどうまくいっていたとしても、もう少しレベルアップさせるために今のやり方のどこかに着目して工夫を加えることはよくあることです(QC的問題解決)。

　また、あるときだけ好ましくないことが起こったような場合は、そのときだけどこかで何かが変わったのです。作業環境は常に変化するので、普段は重要ではない要因がそのときだけ悪さをしたのです。この場合は、良いときとの違いに注目して原因を見つけ出し、対策します(異常への対応)。

　両方のケースとも、現在のやり方の一部に着目して変更を加えます。このとき、みんなの眼・知恵を結集するとより効果が期待できるのです(オ)。

■筆者からの問い

　製造工程で不具合が1％発生したとき、現場サイドから
　　「設備の寿命だ。更新してほしい」
　と提言があった場合、
　　「不具合は1%でも許されない。顧客満足のためにも、良品率
　　100%を目指すべきだ」
　という考えで設備更新にOKを出した幹部は、正しい判断をしたといえるでしょうか。また、その理由は何でしょうか。

　「1％が不具合」ということの逆は「99％（ほとんど）の場合にうまく
いっている」です。うまくいっているときと不良が発生したときの違い
をしっかり解析すべきです。

　そもそも設備の寿命が原因と考えると99％もの良品ができる理由が
説明できません。

　以上から、上記の問いの回答としては、下記のようになります。

　「99個うまくいっているのをもう1個増やす。つまり、99回と同じ状
態が保てたらよいのです。不良発生のときだけ、ほんのちょっとしたい
つもと違うことが起こったと判断し、変化したことを見つけて元の状態
に戻すことを考えたらよいのです」

　日常に起きる問題の多くは本例のように、全体が悪くなったのではな
く、今までのやり方のどこかに変調をきたしたといったケースが多いは
ずです。そのどこかを変える活動が、狭義の「改善」です。

(5)　発想を転換する(㋕)

　中長期的な観点にもとづく対応や、慢性的な不具合に対応する場合
は、今までの考え方に固執しないで、原点に戻って発想を転換してみる
ことが有効です（改革）。このような場合はより一層いろんな知恵を結集
したほうが効果的です(㋕)。

　製造工程での例でいえば、慢性不良（工程能力に関する問題）には、抑
えるべき重要要因に不適切または漏れがあります。つまり、今までの解
析のやり方では発見できていない要因が存在している（解析の仕方に盲
点がある）のです。そのため、いったん発想を変えて、層別のやり方を
変えてみるなど、いろいろな手段を試す必要があります。

　開発の例でも、例えば自動車では大気汚染対応で、ガソリンエンジン
からハイブリッドへ、さらに、電気自動車や水素自動車へと進化してい
ます。昨今では特に、多くの製品で、発想の転換視点の技術開発テーマ

が多く目についています。

　発想の転換によるチャレンジ活動が、「改革」です。

■改善と改革の繰り返し

　某自動車メーカーの開発期間は、1975年頃からの20年間で半分以下になりました。活動を振り返ってみると、詳細は省略しますが、「事前検討(改革)—さらなる深掘り(改善)—コンカレント体制(改革)—さらなる深掘りのための対応(改善・改革)」が開発モデルのたびに繰り返されてきています。仕事はエンドレスですから、ダントツのレベルアップに対しては改善・改革が繰り返されているのです。

3.2　日常管理と方針管理

　図3.1で見た維持と改善の活動を、本節ではマネジメントの観点から解説します。

(1)　「任せたよ」マネジメント

　図3.1で、㋑、㋒が標準化されていれば、上司は「しっかりやってくれよ！　期待しているから！」と担当者に任せて、担当者が標準どおりの行動ができるよう、サポート役に徹します。

　任された担当者は標準行動で現状を保とうと努力します。そのなかで、「いつもと違う」に対する感性が磨かれて、創意くふうの知恵・アイデアが生まれてきます(これが活発にできている職場を、筆者はイキイキ職場と呼んでいます)。

■筆者からの問い

　生産現場で作業者が、（外部的な要因の混乱で）苦戦を強いられたとします。作業者は、不良を作ることを嫌います。「それでも不良を出してはいけない」という面持ちで必死にカバーしようと努力し、死に物狂いで何とかつじつまを合わせてくれました。

　その結果、製品不良が回避できました。生産現場は何事もなかったかのように動いています。

　この場面で想定できる問題点を指摘してください。

　回答の前に仮定すべきこと（実際なら確認すべきこと）があります。上司と部下の関係についてです。

　教育・訓練を経て上司は作業者に当該工程の作業を任せます。上司が任せたのは（標準作業）行動です。業務の結果に責任を負わせたのではありません。

　業務を任せた上司は、「今日もムリなく、いつもどおりの行動をしてくれているね？」と確認することが必要です（異常がないことを確認するのが監督行動です）。何かあったときは苦戦している状態を早く察知して是正処置をしてやらねば良い結果の持続はできません（異常の処置）。

　以上から、上記の問いに対する回答例は以下のようになります。

　任された担当者が、異常状態を必死にカバーして何とかつじつまを合わせた結果、不良が回避できたとしても、いつかまた同じ苦戦を強いられる事態が起こり得ます。つまり、苦戦の原因除去ができていないのです。逆転の発想で、"何かが起こったときは何かを見つけるチャンスが来た"と考えて是正処置をしっかりと施すのが異常の処置なのです。ルーティンの仕事を担当する人が最も得意とするところは、「いつもと違う」を感じられることです。違う内容の重要さによって、再発防止を

するか、執行猶予的処置（一定期間の観察）を考えるかを決断すればよい
のです。

　工程能力的な変化であれば管理図などで発見できますが、小さな変化
は作業者が自分の気づきをすぐにリーダーに伝えてくれる職場づくりが
必要なのです。

(2)　ハードルの高い目標に挑戦させる

　次に㋓を考えてみましょう。部下が立派に成長した場合、多少厳しめ
のレベルのテーマを与えることは部下育成の最大の機会となります。

　「このテーマに挑戦してもらえないか。やり方は君に任せるから頑
張ってほしい。結果については私が面倒を見るから恐れずにやってほし
い」と指示します。動機づけられた部下は意気に感じて頑張ってくれま
す。しかし、挑戦事項なので苦戦することも出てきます。

　テーマを与えた上司は、部下が出す結果が何であれ、部下を責めるこ
とはできません。任せたのは進行の内容であり、結果の責任は管理責任
者にあるからです。管理責任を委譲することはできません。そのため、
上司は適切なタイミング（節目）で「仕事は順調かな？」などと部下の仕
事の進み具合を確認しなければなりません。そして、部下が苦戦してい
るのなら、適切なアドバイスや支援を適宜行うことで、仕事を成功でき
るように導くのです。成功の体験こそが部下育成の鍵なのです。

(3)　日常管理

　㋑㋒㋓の部分は、上記(1)(2)の行動を適切に行うことで実現できま
す。上司は、「任せたよ！　期待しているよ！」と言って後は部下に任
せるのです。任された部下が頑張ってくれますので、上司はこのテーマ
にかかわる時間と労力が省けます。ただし、任された部下が苦戦してい
るときまで、時間と労力を惜しむことは許されません（㋑・㋒では「い

つもと違う」、㋔では「苦戦している」というサインを見逃さない)。

　上司には、部下が苦戦していることを察知するアンテナを立てておいて、必要なときだけ行動することが求められます(異常の処置)。このアンテナの役割を担うのがプロセスの管理項目です。

　「任せたよ!　期待しているよ!」と任せ、ところどころで「何かあった?　大丈夫かな?」と部下をサポートする管理方式が「日常管理」です。

(4)　方針管理

　㋐㋕は改善・改革を要する部分です。このなかで、活動の路線が定まっているレベルのテーマなら、「その調子で頼むよ!」といって、日常管理で進めることができます。しかし、解決に困難が予測されるテーマにまで「任せたよ!」では、任された人が困惑してしまいます。こういったテーマは「関係者が協力し合ってみんなの知恵を結集して乗り越えよう」と考えたほうが、よりうまく進めることができます。

　㋐㋕部分で重要かつ解決に難関が予測されるテーマについては、関係者が参加して、「ヤオヨロズの知恵を結集する」活動を展開します。この活動が「方針管理」です。

　正しい「日常管理」を日々行うことで生じた余裕を、「方針管理」のような挑戦的な目標に当てることで、日々の仕事にメリハリが効いてきます。

　以上からわかるように、日常管理と方針管理は重要度で分類されるものではなく、マネジメント上の性質の違いで分類されるものです。

　いくら組織にとって重要なことでも、進むべき方向性が決まっているテーマなら日常管理で十分にこなすことができるはずです。

　市販された書物のなかには「維持が日常管理、改善が方針管理」と誤

解してしまうような記述が散見されます。これがもし本当だとすれば、わざわざ言い換える必要がありません。

3.3　マネジメントの3タイプ

　マネジメントには大きく分けると、以下の(1)～(3)のように3つのタイプがあります。

(1)　タイプ1：組織マネジメント

　組織マネジメントの目標は、「全体の成果に対して求められる自部門の役割をいつでも果たせるように実力を備えておくこと」です。例えば、「新人が入ってきてもアウトプットを落とさないこと」「後工程の要求の変化に対応できるように能力を高めておくこと」などが求められます。部門リーダーの最も大切な仕事は人財育成といわれる所以（ゆえん）です。

> **■避けるべきリーダーのふるまい**
>
> 　とある新製品開発の総反省会（新製品に関連する開発から販売までの全部門が集まる会合）に参加したときのことです。
>
> 　設計部門のリーダーが、「今回の設計は新人が担当したので不慣れによるミスが多かった」とコメントしたのです。過去にモデルチェンジなどに参加したことがない設計者にはよく起こることです。
>
> 　しかし、これは設計部門の内部事情で、他部門（特に後工程）にはまったく関係のない言い訳でしかありません。
>
> 　少なくとも、こうした言い訳が出なくてすむようにする力が組織力なのです。

(2)　タイプ2：機能マネジメント

　良いアウトプットをスマートに実現できるよう、仕事の流れ(しくみ)を整備するのが機能マネジメントです。この目的は、最大効果(良い品質、低コスト、短納期)の実現に向けた、部門間の有機的な連携を達成することです。品質・コスト・納期など機能ごとにありたい姿を明確にして総合的な業務運営のしくみを構築するのです。「後工程はお客様」どおりの良い情報が伝達できていることを確認し、仕事の流れをよくする活動をします。

　各組織が自部門の都合でアウトプットした内容には、ケースによっては後工程に歓迎されないものも生じます。組織の努力がベクトルとして結果に生かされないと良い成果は期待できません。組織内の担当者も達成感を感じることができません。

(3)　タイプ3：プロジェクトマネジメント

　当該プロジェクトの目標(アウトプット)を保証するために必要な行動を指揮します。上記(1)および(2)は仕事のしくみに関するマネジメントですが、プロジェクトマネジメントは結果に固執するマネジメントなのです。

　いうまでもありませんが、タイプ1が適切に行われ、タイプ2によって仕事の流れがうまくできていたら、安定したタイプ3が期待できます。つまり、タイプ1およびタイプ2は仕事がうまくできるための体質づくりということになります。日常管理・方針管理はこれらを対象とした管理行動なのです。

■事例1
　とある自動車メーカーでは、開発段階で新型モデルの完成度が悪かったせいで、工場で生産を開始したときに混乱が起きました。最

終工程まで終えて生産完了となっても、できばえ品質の問題があっ
て合格・出荷ができないのです。

　現場では「どうしてこんな混乱が起きてしまったのか」などと追
及している暇はありません。今、家が燃えているのです。一刻も早
く火を消さねばなりません。プロジェクトリーダーは暫定的に生産
工数を無視して品質を確保するように指示しました（プロジェクト
マネジメント）。

　このモデルのデザイン・コンセプトは結果として市場で非常に歓
迎されました。初期管理終了時、このメーカーでは開発段階の活動
反省をじっくりと行いました（組織マネジメント、機能マネジメン
ト）。

　こうして次のプロジェクトで同じ冷や汗をかかないよう仕事のし
くみを見直した結果、次のモデルは早い段階で生産工程での成熟度
が上がり、生産初期の混乱を回避することができました。

■事例2

　「情報とは、何を伝えたかではなくて、相手にどのように伝
　わったかが重要なのだ」

　これは筆者が根本正夫氏[1]とお会いするたびに聞かされた話です。
　「部下に、“君は何度言ったらわかるんだ！”と叱っている上司
をよく見るが、これは自分の言い方が部下に正しく伝わってい
ないのだ。つまり、お客様を考えていないということの証明で

---

1)　1920〜2002年。1943年トヨタ自動車工業㈱に入社。以降、生産管理部長、機械部長、
　購買管理部長、常務取締役、専務取締役を歴任のうえ、豊田合成㈱取締役社長、会長、
　相談役に就任。1965年の購買管理部の新設に伴う初代購買管理部長就任後、トヨタ系部
　品サプライヤーへのTQC普及を主導した。1992年、デミング賞本賞を受賞。

　ある」
　根本氏の教えは、私たちの仕事でも、情報の伝え方について
「"後工程はお客様"を大切にしなさい」という筆者にとっても耳の
痛い内容でした。

3.4　方針管理はなぜ必要なのか

　企業は永続的に成長しなければなりません。ここでいう成長とは規模
が大きくなることではなく、良い仕事を実現できる体質を作り上げるこ
とを指しています。

　現状がどのように良い状態であったとしても、社会情勢は変化しま
す。競合の企業も努力しています。現状維持は相対的には退歩を意味し
ます。中長期の変化予測に向けた「転ばぬ先の杖の施策」と「現状の反
省にもとづく改善」をしっかりと実行していかねばなりません。

　既定路線ができていて関係者が頑張ってさえいたらできそうな課題
は、日常管理での維持・改善で消化していけばよいでしょう。しかし、
重要かつ壁の高そうな事項は「みんなの知恵を結集して乗り越え策を展
開」(方針管理)することが必要です。

　改善の結果、成果が認められた活動を順に標準化していけば、**図3.1**
の①がどんどん高くなっていくので、かなりのレベルの仕事が「その調
子！　頑張っていこう！」と上司が音頭をとることで進んでいきます。
つまり、良い仕事を行う実力(企業体質)が向上していくことになりま
す。

　日常管理のレベルが上がるに従って方針管理で取り組むべき課題が明
確に絞り込めるようになります。これが「日常管理がきちんとできてい
ないと方針管理はうまくできない」と言われる所以です。

3.5 方針の設定

方針の設定の流れは、**図 3.2** のとおりです。

それぞれ **3.5.1 項**(**図 3.2** の①②)、**3.5.2 項**(**図 3.2** の③)、**3.5.3 項**(**図 3.2** の④)で解説しています。

3.5.1 問題を抽出する

身体の調子が悪いとき、ふつう病院で診察を受け、場合によっては治療を受けます。健康でもいつの間にか体力が衰えたり、病気の兆候が見られるかもしれません。健康を維持するためにも、定期的な人間ドックを通じて、できる限り早く病気の兆候を発見し、適切な処置につなげることが重視されているのです。

企業の体質も個人の体質と似たような性質があります。個人でも組織でも現在の状態の良し悪し(健康状態)とともに環境変化の影響を受けつつ活動しています。将来も健康であり続けるには、現状に安心せずに将来に対する要整備事項を見据えることが必要になります。

そのためには、人間ドックならぬ企業ドックを定期的に受けて問題があれば早期発見につなげ、適切な治療や予防をしたほうが安心です。

人間ドックでは「血圧・血液・心電図・CT・MRI」などの項目で診断するのと同様に、企業ドックでは「品質・コスト・納期」などの機能単位を診断項目にすると効果的です。現状と将来の動向予測を加味し、各診断項目の「ありたい姿」と現在のレベルを比較して、そのギャップから問題が発見できるのです。

ここで「ありたい姿」とは、中長期視点で確保しておきたいレベルです。つまり、それぞれの企業のトップが掲げる夢(競合比較でのトップレベル、業界とは無関係に世界のトップレベルを目指すなど)です。米国マルコムボルドリッチ賞では「世界のトップレベルをベンチマークし

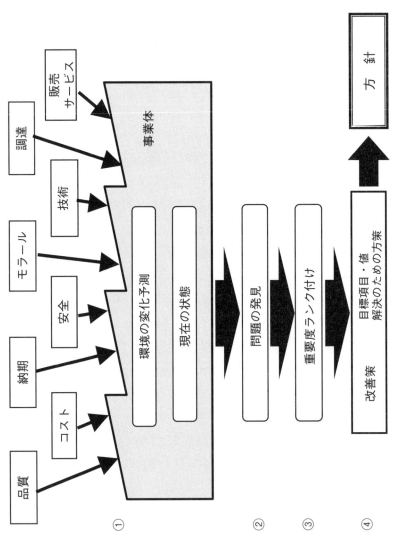

図3.2 方針の設定の流れ

なさい」と説いています。

　管理項目の解説で、各機能の良い状態の測り方を解説しました。これと同様に、良い結果を測るものさしはそれぞれの企業であらかじめ決めておけば、混乱は起きません。

　ありたい姿と現状のギャップが問題(結果の好ましくない状態)です。管理項目は結果を測るものさしなので事実を反映していますが、企業ドックでは5年先を予想した(事実と言い切れない)ギャップを見ます。それは個人が将来の健康を願い、将来を予測して問題を発見しようとするのに似ています。この5年先(某社の表現では「未来現在」)を見据えることで、機能(診断項目)ごとに問題が抽出されていきます。

　「機能ごとの診断」といっても、それを担当する部署ややり方は不明確であることが多いかもしれません。各社で担当部署を決めておけばよいでしょう。機能別管理を行っている企業では機能総括部署が中心となって問題を抽出しています。ここでは、「なぜ」の議論は不要なので、管理項目が合意されてさえいたら手間をかけずに問題の抽出ができるのです。

3.5.2　問題の重要度を判定する

　3.5.1項で抽出された問題は、すべて機能ごとに独立して抽出されたものです。場合によっては機能間で矛盾(背反など)するものがあるかもしれません(例えば、品質面では試験設備の増強が必要で、コスト面では設備投資の抑制が必要というケースでは、そのまま組織に指示されると、担当部署はどちらの指示を大切にすべきか迷ってしまいます)。また、ありたい姿と実態がずれている問題をすべて取り上げていますので、ギャップの大きさなど、さまざまな問題が混在しています。

　数多くの問題を一気に解決させようとすると、無理が生じます。人間ドックで指摘された問題をすべて同時に解決させようとすると、かえっ

て身体に無理が起きるのと同じ理屈です。

このとき重要になるのが、「問題の重要度の判断」です。全体の良い結果に対して「大きな影響が出そうな問題」「緊急度が高そうな問題」を選定します。これらは全体の問題解決のために優先されるべき個別の問題です。機能間の矛盾を調整して、全体として重要な問題の絞り込みをします。

重要な問題が絞り込めたら、次に問題解決の難易度をその内容に詳しい人たちを集めて検討し、例えば以下の2つに分類します。

   ① 従来の活動の延長線でしっかりやればいけそうだ（走る路線が明確なので走るだけだ）

   ② 壁が厚そうだ（困難が予想される）

以上を検討した結果、重要かつ解決に困難が予想される問題が絞り込めます（②）。これらは、全社的に関係部門が協力して解決に当たることが望ましい問題（方針管理の対象問題）となります。問題①は、担当部署に割り付ける（日常管理をする）ことでよいでしょう。

3.5.3　方針を設定する

上記までで「重要で解決に困難が予測される問題」を絞り込んだら、全社のもつ知恵を結集して挑んだほうが解決の確度が高くなることが期待されます。全社レベルの目標項目（機能別管理項目の上位指標）に対して、以下の「目標値」と「方策」を明確にします。

  ・目標値：「何を、いつまでに、どのようなレベルにしたいのか」

  ・方策：「どのような点に着目して検討するのか」

「目標項目・目標値＋方策（重点実施事項）」のセットを、「方針」といいます。

方針の基本的な表現は、「○○の××による△△の実現」（○○の××が実施事項で、△△がねらい・目標）です。そして、「○○の××」の進

捗を判断する指標がプロセス管理項目で、「△△」を判断する指標が管理項目（目標項目）となります。

　理解を深めてもらうために、「ダメな方針」の例をいくつか示しておきます。

①　「開発期間の短縮」「市場顧客満足度の向上」「クレームの低減」など

　　これらはトップが示した方向（テーマ）でしかないので、このままでは、実際にどのような行動をしたらよいのかがわかりません。

②　実施事項が示されていないもの

　　これは「日常管理でできることをしっかりやる」のと変わらず、以前から頑張ってきた延長線上でやれる程度の内容しか期待できません。

③　「○○製品の開発」

　　新製品開発プロジェクト自体は非常に重要なことです。しかし、このようなプロジェクトは、今さら強調しなくてもすでに重要事項とわかっています。プロジェクト成功のために特に配慮すべき活動があるのならば、それを明確にすべきなのです。

　トップの意向が出たら「具体的にどこに焦点を当てた改善・改革が必要なのか」（戦術）を定めないとしかるべき目標に到達することは困難です。お題目だけで方針設定ができたと思うのは危険です。十分な解析が求められます。管理項目以外の解析用データが数多くあるはずですので、うまく活用して真因を探してください。

　重要な事項が方針になるのではありません。方針とは、「重要な事項をうまく達成させるときに立ちはだかる壁に挑戦（戦術）すること自体を合意したもの」なのです。

3.5.4　重点実施事項を実施部門に割り付ける

　一つの目標項目に対し、壁となる重点実施事項が一つであることよりも、いくつも存在するケースのほうが多いのです。機能業務分掌、部門業務分掌にもとづいてここに参画すべき部署を明確にします。全社方針書の様式例を図3.3に、本様式で整理した品質機能方針の書式例を図3.4に示します。

　図3.3と図3.4の各項目のもつ意味は、以下のとおりです。

- 目標項目：機能（品質・コストなど）ごとに設定した全社目標項目を列記したもの
- 目標値：各目標項目の期末までに達成したい値
- 管理頻度：目標項目ごとの管理サイクル（いつチェックするのか）
- 担当：目標項目ごとに達成状況をトップに報告する担当者（通常は機能総括部門長。進捗の監査を担当します）
- 実施項目：目標項目ごとに設定した重点実施事項をすべて列記
- 目標項目No.：実施事項がどの目標項目に対しているのかを明示（目標項目と1：1で対応とは限らない）
- 担当部：実施事項に参加すべき部署（◎は主となる部署、○は参加すべき部署）

　方針書の自部門にかかわる箇所を読めば、全社の展開に対して自部門に期待されている内容、または自部門が果たすべき役割が明確になります。もし余力があれば、このほかに独自にレベルアップを図るための部門方針を設定することもできますが、この方針書で明示された実行項目を無視することは許されません。全社方針の立案検討の段階から（全社レベルで）課題を共有しておくことが重要です。

　次に目標値と重点実施事項の関係を解説します（図3.5）。

　営業部門の展開例で示します。ある製品の売上目標が前期の実績（A）に対して目標（D）が提示されたとします。目標達成への着眼点として、

目標項目	目標値	管理頻度	担当
全社目標に設定した項目 (機能ごとにすべて列記)		目標項目の 達成状況 確認サイクル	管理責任者に 状況報告を する人

実施項目	目標項目 No.		担当部
目標達成のための 重点実施事項	実施事項は どの目標項目に 対応しているか		担当すべき部署

図 3.3　全社方針書の例(機能ごとに作成)

目標項目	目標値	管理頻度	担当
1. 新製品市場評価目標達成度	（略）	都度	品質保証部長
2. 重要品質問題発生件数		1／月	品質保証部長
3. 市場クレーム費用（製品1個当たり）		1／月	品質保証部長

実施項目	目標項目 No.	A部	B部	C部	D部	
1 市場調査の充実による製品企画の強化 　（1）市場情報収集・評価の充実と製品企画への反映	1	○	◎		○	
2. 重要品質問題の絶滅 　（1）仕様指示・チェックシステムの改善 　（2）保安・重要工程の整備 　（3）守りやすい作業標準づくり	2		○			○
3. 解析の強化による市場クレームの低減 　（1）新機構・新材料および樹脂部品に対する適正な品質評価	2・3		○	◎	◎	
（2）市場品質の初報重視による問題の早期解決	3	◎		◎	○	◎
（3）クレーム現象の再現による要因解析の強化	3		○	○	○	◎

図 3.4　方針書の書式例（品質機能方針）

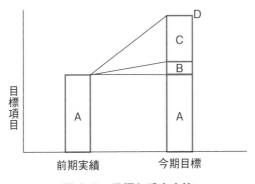

図 3.5　目標と重点方策

　まず A の実績を保つために、従来の実施事項は継続したいと考えます。そのために前期までの実施事項は標準化しておきます。A が定着すると、B が期待できそうです。A と B は日常管理で得られる成果です。

　C は、もはや従来活動の延長では困難なレベルとなります。この達成に新しい工夫が要求されます。全員で知恵を絞ってうまい進め方（作戦）を考えて邁進する必要があります。

　目標達成の可否は、新しい作戦が成功するか否か（C の成果）にかかっています。C に対する作戦内容が重点実施事項なのです。A・B は日常管理ですからあえて表示する必要はありません。しかし、新しい工夫が要求される C は関心をもってフォローする必要があります。このとき、「目標値と C への攻め方」が方針となります。

■方針展開のダメな実例

　とある企業で方針展開の実態を見たときのことです。

　ある課長の方針書を見させてもらうと、実施事項が数多く並んでおり、おまけに時間配分まで記入されていました。合計すると、きっちり 100％になっています。つまり、自分の仕事すべてを方針

書に記載していたわけです。

　これでは年度の重点がわかりません。仮に全部が重点だとすれば身がもちません。時間の多くは日常管理に費やされるので、重点を多く設定しすぎると消化しきれるわけがありません。

　これは、方針管理事務局の設定した様式とのことでした。筆者は「様式の見直しと、重点実施事項を目立たせるために日常管理事項の記入をやめること」を提案しました。

3.5.5　下方展開

　部門の役割が明確になったらこれを具体的な実施事項に細分化して部下に指示します。重点実施事項の実態を解析し、自部門の期末における「ありたい姿」（目標項目・目標値）と、その到達のために立ちはだかる壁の乗り越え策を具体化します。「部長から課長へ」「課長から主任へ」「主任から担当へ」と活動がより具体化されることが必要です。こういった活動は、「職位別管理項目系統図」があれば迷うことなく進めることができます。

　心理学の知見を持ち出すまでもなく、「担当者は自分の目標が全社の目標に関与していることを自覚したときに最も能力を発揮する」ので、全社目標から個人の目標までのつながり（トレーサビリティ）がとれるように心がけることが重要です。

　組織の下方ほど、実施事項に具体性が求められます。具体性が乏しいと実際に動く担当者は何をどうすべきかがわからず、動けなくなるからです。日常管理事項であれば、中間管理職はあまりつべこべ言わず、「期待しているよ」と見守るくらいでよいのですが、重点項目で自由な解釈ができる表現は誤解を招くので、やめるべきです。例えば、「強化、充実、推進、徹底、定着、明確化」などの用語は、単体での使用を禁

止するべきでしょう。筆者は、これらを「表札言葉」と表しています。「部内のチェック体制の強化」といった場合、一見明確に見えますが、「何をどこまでやれば"強化"したことになるのか」がわかりません。そのため、例えば「強化」を使うのなら、「チェック項目リストを作成する」「チェック頻度を上げる」「チェックチームを編成する」など、「何をどのような状態にすることが"強化"したことになるのか」を明確にすべきです。

■課の「表札言葉」を課長に指摘してみると……

　筆者がある会社で当時の期の方針をチェックしたときのことです。ある課で掲げた実施事項に表札言葉が数多く見つかりました。

　その一つひとつについて、課長に「今からでもこの表現を見直してください」と依頼してみたのですが、いくつかの実施事項で「適切な言葉が浮かびませんので……」との答えが返ってくるケースがありました。つまり、それは課長自身がよくわかっていない証拠です。

　課長もよくわかっていない方針を実行するよう迫られる現場の担当者はたまりませんね。

■目標と行動の後先はしっかり

　ある会社の方針書を見せてもらったときの話です。

　その方針書は、「何をする（重点実施事項）」が先で、次に「目標項目・目標値」が示されていました。これだと、やることを先に決めて、どこまでやるのかを後で検討をしたことになります。

　当然ですが、最初にあるべきは、良い結果の姿（目標項目・目標値）です。目標がはっきりしないと重点実施事項が決まるはずがあ

りません。方針書では、「やりたいことをやる」のではなく、「やらなければならないことを合意しなければならない」のです。

　企業に在職時、筆者は中間管理職登用時の教育で、口酸っぱくこう教育されました。

　「"表札用語""納期のない目標"を与えたときは、部下に、"何をやってもいいぞ"と指示したのと同じことだ」

　これは、「重点事項を実施する活動にあいまいな指示があってはならない」との教えです。

　管理項目系統図が整備できていない場合は、全社の期待していることが部下まで正確に届くよう、方針項目に絞って管理項目の連鎖を検討する必要があります。いくつかの会社で、「いま、なぜシート」(図3.6)を活用しています。

(1)　「いま、なぜシート」の使い方

　「いま、なぜシート」は、上位の意図することと重点活動すべき事項の整合を図る(キャッチボールする)目的で考案されたものです。そのため、この用紙を埋めるために多大な時間を費やすことは、製作の趣旨に合いません。

　実際には、上司の重点方策1個について、部下のグループごとにA4サイズで記入します(上司と部下の認識整合の見える化がねらいです)。

(2)　「いま、なぜシート」の留意事項

　「いま、なぜシート」は、「上位者の重点実施事項1項目ごと」に、指示を受けたすべての下位部門(または担当者)が、それぞれ作成します(図3.7)。

　(手順1)　上位から指示された実施事項の現状を整理します(データ

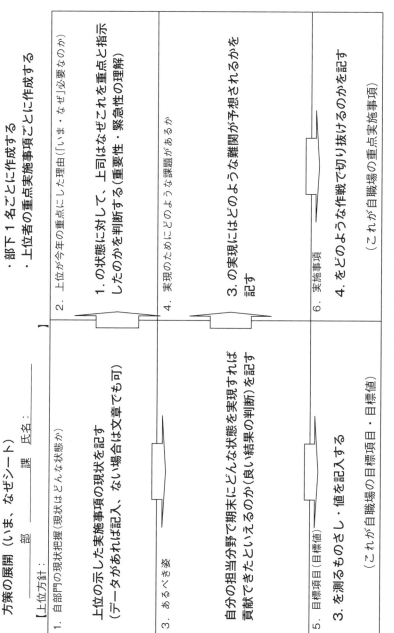

図3.6 いま、なぜシート

方策の展開（いま、なぜシート）

第1製造部　第1組立課　氏名：品質太郎

【上位方針：変動時の工程管理強化による工程不良の低減】

1. 自部門の現状把握（現状はどんな状態か） ・不具合発生時の特徴：何か変化があった際のミスが多い 　　1個不良が目立つ ・大きな工程変更への対応はできているが今日だけ作業者が変わったなどの小さな変更への対応が不十分。 ・1個不良をポカミス（人の要因）として処理してしまい、対応が不十分。	2. 上位が今年の重点にした理由（「いま・なぜ」必要なのか） ・工程管理体制・変更の管理体制はほぼ標準化されているが、小さな変化への対応がしきれていない。 ・一般要因の小さな変化への対応を工夫しないと不良ゼロが実現しない。
3. あるべき姿は ・工程の小さな変化は作業者が敏感に感じている。 変化が見える職場 ・イキイキ職場（今日はやりにくいなどを作業者が気楽に打ち上げ・工夫を楽しむ職場）ができている。 ・やりにくい作業がなくなっている。	4. 実現のためにどんな課題があるか ・やりにくい作業の発掘方法の工夫 ・設計・生産技術との連携が不可欠 ・話しやすい職場づくり
5. 目標項目（目標値） ・不良ゼロ日数　　　　：連続30日 ・取り上げたムリ作業の改善進度　：遅れ1週間以上項目数 ・職場発言率　　　　：発言しない作業者ゼロ	6. 実施事項 ・「保証の網」（不良の作り方解析）の活用によるムリ作業抽出 ・設計・生産技術との作業改善会開催による対策の検討 ・ムリ上げた「見える化」 ・朝5分職場ミーティングの実施内容改善

図3.7　いま、なぜシート記載例（第1製造部第1組立課スタッフの例）

がない場合は言葉だけの表現でも可)(現状の把握)。

(手順2)　指示された実施事項について、上位者が年度の重点とした理由を考察します。現状の把握をしてみて、一見して重点課題に見えない場合でも、将来を見据えて重点とされた場合もあり得ます。この段階で納得できない場合は以降の展開をやめて、上位者としっかり意思疎通を図る必要があります。納得できないままの仕事に質の向上は期待できません。

(手順3)　上位者の考え方が理解できたら、「自己の担当事項では期末にはどのような結果を実現させておくことが必要なのか」(上位の目標に貢献している状態)を明確にします(定性的な表現で可)。

(手順4)　「(手順3)で明確にした結果を得るには、どのような困難が予測されるのか」を検討します(もし困難がない場合、この仕事をこなすのは日常管理で十分ということになります)。

(手順5)　(手順3)で明確にした良い結果を測るものさしと目標値を設定します(これが自部門の目標項目・目標値となります)。

(手順6)　(手順4)で検討した困難を乗り切るための手立て(戦術・戦法)を列記します(これが自部門の重点実施事項です)。さらに下方展開する場合、本手順の実施事項1個をテーマとして、この用紙を展開します。

以上、方針設定の手順を説明しました。図3.8がその全体像です。

中期の課題に対しては初年度に到達すべき地点に向かって課題を整理し、昨年までの活動反省と合わせて重点実施事項を検討しています。中期と年度の方針が2つあると実施部門はどちらを優先すべきか迷ってしまうので、一本化して年度方針を設定しています。

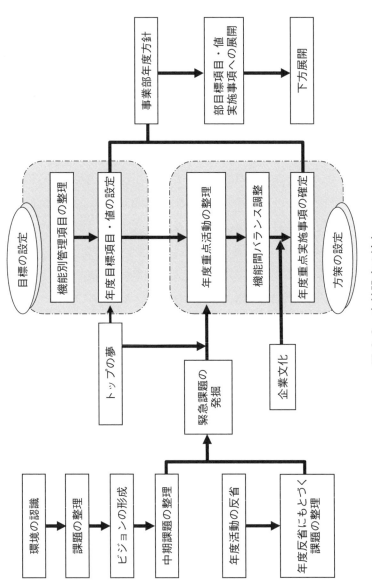

図3.8　方針設定の流れ

3.6　方針の進捗フォローと診断

　方針は、解決に総力を結集すべき当該年度の重要な課題（テーマ）を設定したものなので、緻密なチェックおよび適切なアクションが必要です。そのため、例えば、「年初に方針を設定し、年末に成果を確認する（年に１回のチェック）」というやり方では、適切なサイクルを回したことにはなりません。

　チェックでは、プロセスが順調であること（良い結果を生む良い行動ができていること）を確認してください。

　　①　実施事項は計画どおり進行しているか（苦戦していることはないか）（進行の遅れ）

　　②　目標達成へ一歩一歩と近づいているか（戦法・戦術の適正）

　望ましい体制は、「担当レベルの実施状況は毎月ごとにチェックし、管理職は３カ月ごとに管理サイクルを回したうえで、大きな作戦変更を要する場合にはトップ診断を計画できる」ことです。

3.6.1　フォローを効果的にする基本条件（心構え）

（1）　苦戦場面を乗り切る

　方針は全社の関係部門が参加して良い結果を生むべく全力を尽くしています。したがって、フォローでは一部の部門の行動を叱責しても仕方がありません。うまく進行していない場合はどこかに苦戦している何かがあるのです。部門の責任追及ではなく、良い結果を生む良い行動を検討することが求められます。

　ある会社では、方針のフォローを方針監査（audit）と言わずに、方針診断（diagnosis）と呼んでいます。前者は指摘・勧告の意味合いが強くネガティブになりがちですが、後者は医師が患者を診察して病状を判断する意味があり、結果の指摘よりも原因の探索が中心になっています。

このような言い回しで、「"医・患一体の治療"にならった活動を実現したい」というねらいを明確にしています。

(2) 言い訳は無用

　上部に活動状況を報告するときは、最大限努力した状況を報告すべきです。「なぜ……」「……だから」というような、うまくいかない言い訳は不要です。

　全体で「どうするか」を判断できることが重要です。自部門の内情で都合の悪いことを秘密にするなどはもってほかです。聞く側も「報告者はベストを尽くした状況をきちんと報告している」との姿勢で聞いてください。自ずと対策の内容が変わってきます。

(3) チェック・アクションを厳しく回す

　点検者は、会社の最重要課題に挑戦しているのですから、特にチェックとアクションを厳しく回してください。この厳しさを歓迎できる企業風土を作り上げておくことが重要です。

3.6.2 担当者の実施状況フォロー

　上司は担当者(またはグループ)が展開している内容を最低月1回以上の頻度で確認します。**図 3.9** および **図 3.10** に、某社の活動状況報告の様式を示しました。この報告書は関連する実施状況の資料とまとめることで、状況の共有化を図れるように、また必要なアクションにつなげられるように工夫されています。

　図 3.9 および **図 3.10** の各項目の概要は以下のとおりです。
　　① 目標達成状況
　　　　担当(またはチーム)の目標項目に対する現状レベルを記入したうえで、「この状態をどのように判断しているか」をコメントし

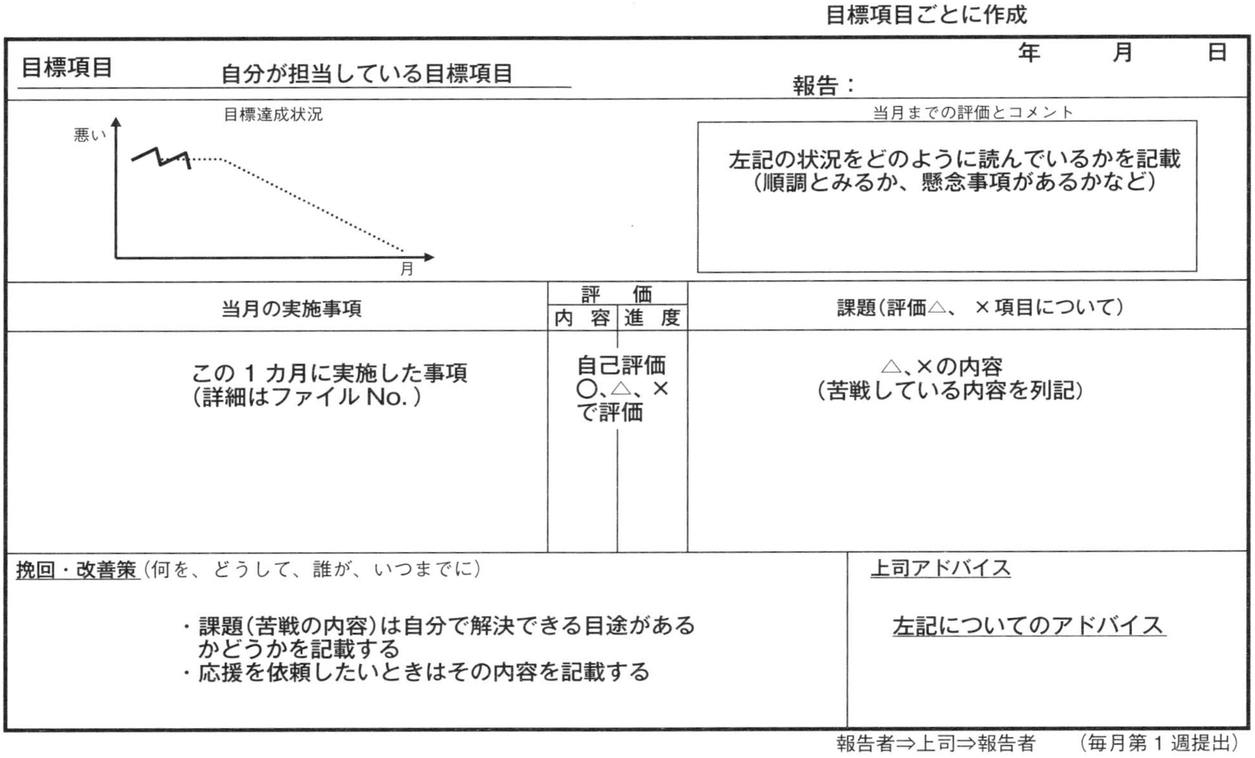

目標項目ごとに作成

目標項目	自分が担当している目標項目			報告：　　　　　　　　　　　　　　　　年　　月　　日
	目標達成状況 悪い←——————————— 　　　　　　　　　　　　　月			当月までの評価とコメント 左記の状況をどのように読んでいるかを記載 （順調とみるか、懸念事項があるかなど）
		評　　価		
	当月の実施事項	内　容	進　度	課題（評価△、×項目について）
			自己評価 ○、△、× で評価	
	この1カ月に実施した事項 （詳細はファイルNo.）			△、×の内容 （苦戦している内容を列記）
				上司アドバイス
挽回・改善策（何を、どうして、誰が、いつまでに） ・課題（苦戦の内容）は自分で解決できる目途がある 　かどうかを記載する ・応援を依頼したいときはその内容を記載する				左記についてのアドバイス

報告者⇒上司⇒報告者　（毎月第1週提出）

図3.9 方針活動状況報告（担当者用）の例

| 目標項目 Aライン10工程 機械能力 （Cm：1.0以上）（12末） | | | 報告：品質 三郎 | 2021年 8月 30日 |

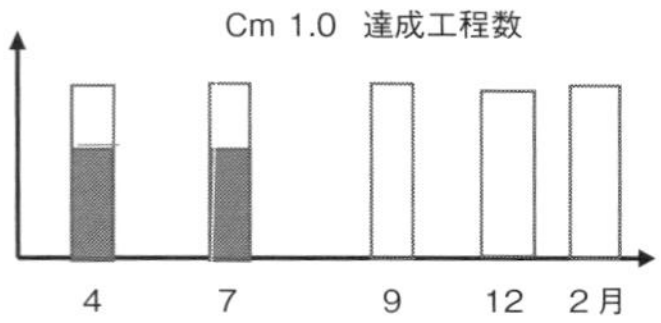

Cm 1.0 達成工程数

4　7　9　12　2月

当月までの評価コメント

4月：7工程 Cm 確保
9月：9工程 Cm 確保見込み

新設設備の1工程　Cm＝0.75で未達

目標達成状況はほぼ順調と判断できる

当月の実施事項	評価 内容	評価 進度
対策済 33項目の効果確認テスト（ライントライ）実施（資料 No.7）	△	○
32項目：OK 1項目：使用条件によるばらつき不安 全44項目中10項目の確認が未実施	×	×
1項目の使用条件によるらっきテスト（直交実験）（資料 No.8）	○	○

課題（評価△、×項目について）

32項目中 1項目 目標未達（Cm=0.75）
全44項目中10項目の確認が遅れている

挽回、改善策（何を、どうして、誰が、いつまでに）

・10項目のライントライを8・9月に実施予定
・Cm未達工程についてFTAの見直しと対策内容の検討

上司アドバイス

FTAの見直し・対策方法について
・現場のノウハウ（切粉除去等）を生かす
ために他部署の参加をお願いしてはどうか

報告者⇒上司⇒報告者　（毎月第1週提出）

図3.10 活動状況報告の例（生産技術担当者）

ます。「当該の活動に効果があるのかどうか」「その結果は偶然な
のか」などを読み取ることが重要です。

② 当月の実施事項

当該の目標項目に対し、当月実施した行動をすべて書き出しま
す。そのうえで「各実施事項が予定どおり進行しているか」「内容
も満足いくレベルか」を自己判断して、○・△・×を付記しま
す。△・×は、苦戦事項が存在していることを意味しているの
で、課題欄にその内容を明確にしておきます。

③ 挽回・改善策

「苦戦事項は自己の努力で挽回・解決できるのか」「何らかの支
援が必要なのか」を明示します。

④ 上司アドバイス

自己申告の本用紙の内容について、「上司が動くべき事項があ
るか」「担当の仕事の進め方にアドバイスが必要ではないか」を判
断して記入します。

担当者は実施した内容をこのシートに記録します。詳細は実資料を
検索できるよう、資料 No. をつけておきます。基本的に自己申告の形に
なっていますが、挽回策・アドバイスの欄で上司は活動状況を判断しま
す。

担当者の自主性と上司の適切なアドバイスが記録として残されてい
くので、この報告書は部下の仕事に対する OJT の記録として残ります。
毎月のアドバイス欄を読み取れば、担当者の仕事の仕方にクセが見えて
きたりします。クセを正したり、生かしたりすることによって部下の成
長を図ることもできます。最重要な実施事項を眺められるので効果的な
のです。

某社では賞与の査定などの機会に、このシートを基本資料にして面接
しています。行動の悪さを査定するよりも今後伸ばすべき行動指針を説

明する査定のほうが、査定される本人にとっても納得できることでしょう。

　昨今はペーパーレスが叫ばれ、報告なども PC で作成されるケースが増えています。しかし、某社では今でもこのシートを詳細資料ファイルと一緒にして紙で残しています。関係者が情報を共有するには、1 枚で全体が「見える」ようにしておくことが最も正確であり、まとめておくことで最新の状況をいつでも確認できると考えているようです。また、簡潔に報告するためのまとめ方はスキル教育にも一役買っています。

　読者の皆さんにはぜひ、情報を共有し、適切な検討やアドバイスがしやすい環境づくりを工夫してもらえればと思います。

3.6.3　中間管理者の実施状況フォロー

　次に大切なのは中間管理職(課長)レベルでの作戦変更要否のチェックです。担当者が必死に取り組んでいる内容が最終ゴールへの方向とズレていては悲劇なので、四半期程度で取組みの方向・進め方の確認をしてください。

　某社の活動状況整理の様式(**図 3.11**、**図 3.12**)は、QC ストーリーを基本としたものです。このなかで特に重要な事項について、以下、解説します。

- 3. 進め方：計画時に立案した直近 3 カ月間の進め方を PDPC (Process Decision Program Chart)様式で、実施計画の内容が具体的にわかるように記載します。
- 4. 現状把握・解析・対策：3 カ月間に実施した内容と実施内容に対する判断・解析・挽回策を明示します。
- 5. 効果確認：3 カ月の活動時点での効果を確認します。進捗状況・最終目標への見通しなどを判断します。
- 6. 標準化：すでに成果が見えてきた活動内容についての標準化

年度方針展開報告書

テーマ _____

目標項目ごとに作成

年　月　日

部署：
氏名：

1. 昨年度の反省

目標項目の昨年までの状況
と課題
(方針に取り上げた理由)

2. 目標

3. 進め方(PDPC)

3カ月間のPDPC
(3カ月前に作成したもの)

(注) PDPC : Process Decision Program Chart

4. 現状把握・解析・対策

・3カ月間で実施したこと
　―内容・進捗状況
　―詳細資料 No.
・情勢分析(進め方の変更要否の
　判断)

5. 効果確認

実施事項の評価

6. 標準化

すでに結果が出ている
活動の整理

7. 今後の進め方

・次の3カ月を中心とした
　進め方(作戦変更を含む)
・次の3カ月のPDPC作成

※書き切れない場合は別紙を添付

図 3.11　方針展開報告書(課長用の例)

年度方針展開報告書

2021 年　9 月　20 日
部署：生産技術第1課
氏名：品質次郎

テーマ：新生産技術導入での機械能力確保

1. 昨年度の反省

高精度確保のために新設備を導入した。工程展開表、工法展開表を整備した。全50手順のうち40手順は整備できたが、残り10工程の機械能力が確認できていない。

2. 目標

（工程能力の確保）
10工程の機械能力確保
Cm：1.0以上

3. 進め方（PDPC）

（新工法）（従来工法）
FTA（3工程）　FMEA（7工程）

予測不良項目の抽出　5月末
対策計画書整理　6月初
対策ごとの効果確認　8月末
総合効果確認　10月末

4. 現状把握・解析・対策

FMEA・FTAで44項目の不安事項を抽出
（対策内容：別紙）

個別評価結果
43項目：OK
1項目：評価×
（溝入れ基準シートの切粉除去レベル）

（反省）
FTAでの判断不適があった
（要求高精度に対する対策方法の選択を誤った）
⇩
・机上で対策を決めた
・微細切粉の影響度追究が不足した
・現場のノウハウが結集できていない

5. 効果確認

個別対策効果はテストで確認済み。一部の対策は使用条件を加味した直交実験で確認済
（効果一覧表は別紙参照）

6. 標準化

・FMEA/FTA活用マニュアル整備
・工程展開表・工法展開表の都度見直し（常時最新のレベルを維持）

7. 今後の進め方

・FTAの解析精度向上
　類似現場調査
　参加部署の見直し
・再発防止のための基準書整備
・総合機械能力の確認
・QAネットワークの整理と生産部門への伝達

※書き切れない場合は別紙を添付

図3.12　活動報告書記載例（生産技術課長）

　　事項を記入します。
- ・7. 今後の進め方：上記5・6の結果について軌道修正の要否判断
　　を加えて次の3カ月の活動計画を明確にします。

　なお、**図3.12**に示した某社生産技術課長の溶接自動機計画の例には、
㊙内容もありますので具体的な技術項目の表現は省いてあります。

　管理職に期待されるのは、適切な仕事のしくみを構築することです。
図3.11および**図3.12**の実施事項は、部下の月度報告を整理すること
ですが、この内容がねらい（目標）と方向が合致しているか、進度は良いか
を判断しなければなりません。

　情勢は常に変化します。期首に決めた方向が微妙にずれてきているこ
ともあり得ます。気がついたら急いで作戦変更・軌道修正を指示しなけ
ればなりません。資源（ヒト・モノ・カネなど）の配分変更を伴うような
大きな戦略変更を要する場合は遅滞なくトップに提起することも必要で
す。朝令暮改だと計画の質が疑われますが、計画を見直すならそのタイ
ミングとして、例えば年度方針は四半期程度が適切だといえます。

■事例発表会の看板の使い分け
　A社では社内で行う事例発表会の看板を使い分けています。
- ・QCサークルが行うのは「体験事例発表会」
- ・スタッフ・現場リーダーが行うのは「改善事例発表会」
- ・管理職が行うのは「業務改善事例発表会」

　それぞれの看板を見れば、それぞれの階層に期待することが異な
ることがよくわかります。
　この事例では、担当者は与えられた実施事項に対して完成度を上
げることに努めていました。管理者は与えた実施事項が適切である
か（ねらいと活動の整合）に注目しているのです。

■改善事例と業務改善事例の違い

　ある企業の試験・評価部門の担当者が、ある特性に対して市場の使われ方と合致する試験評価法を開発し、改善事例発表会で非常に高い評価を受けました。

　後日、管理職の発表会で上司が同じ事例を発表したのですが、今度は厳しい指摘を受けました。

　「これは、業務報告でしかない。君に求められるのは、その結果、仕事として何がよくなったのかを見ることだ」

　業務改善に期待することがわかる鋭い指摘でした。

　図3.11および図3.12の用紙（原本はA3サイズ）で、一つのテーマを整理するのは管理職の方です。テーマの大小に関係なくA3用紙1枚で整理することはテーマ全体に習熟していないと難しいものです。上層部に対し、簡潔かつ内容全体を把握できる報告ができることは大切です。本報告書を導入することで、管理職の「まとめる力」の教育にも活かせます。

　四半期に1回、このような進捗レポートを残すと、年度末には1テーマについて3枚の報告書ができ上がります。すると、年度末にはこれらを整理することで、年間の目標達成状況や活動の足跡を明確にできるようになります（これは年間の活動のチェックに大変役立ちますので、ぜひ実践してみてください）。

　反省事項は次年度以降への課題とし、収穫事項は財産として残しましょう（標準化）。一人ひとりの課長が確実にいくつかの業務改善事例を残すことができれば、1年で（課長の人数×テーマ数）の業務改善ができ上がります。これらを標準化（次年度以降は日常管理で行動できる）していくと会社の体質（良い仕事ができる実力）が飛躍的に向上することは、

誰の目にも明らかでしょう。

> **■活動の成果を共有できる職場**
>
> 　令和以前の時代、お盆休みや年末・年始休みに入るときに課長が部下に対して、「今期もよく頑張ってくれた。おかげで大過なく過ごすことができた。休みはゆっくりしてください」と話す光景をよく見かけました。部下をねぎらう気持ちはたしかに大切です。しかし、「あの時はこうして乗り越えたよね。このケースではこのアイデアが効いたね」とうまく壁を乗り越えた例をいくつか話すことができて、「来期もピンチがあればみんなの知恵で乗り越えていこう」と部下の活動を振り返り、明日への動機づけができたほうが格好いいですよね。

3.6.4　トップ層のフォロー

　全社の課題に挑戦するのが方針なので、その実施場面では、トップのフォローも確実に行う必要があります。

　トップは公示した方針が全社の協業で展開されていることを確認しなければなりません。推進上で重大な不都合がある場合に資源(ヒト・モノ・カネなど)投入の見直しを決断するのはトップの専管事項です。実務者は与えられたテーマの解決に集中し、中間管理者・トップは進め方・投資の適正を保証する立場にあります。

　某社の方針点検フォローの体系を図3.13に示します。

(1)　部門長点検

　担当者・中間管理職の活動報告(3.6.2項、3.6.3項)にもとづいて部門長が、「活動が計画どおり進んでいるか、目標に対して活動にズレが生

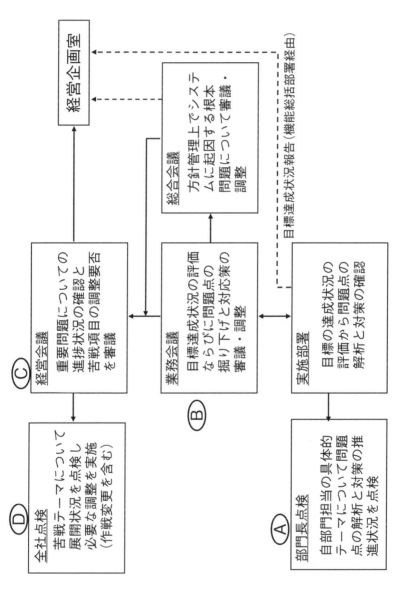

図 3.13　方針の点検・フォロー（某社事例）

じていないか」を確認します。点検の中心となるのは、「進行上の苦戦状況を把握したうえで、調整し、必要に応じてアドバイスすること」です。これらは月次で実施します。

　部門長は目標達成に対してベストを尽している状況を機能総括部門に報告します。機能総括部門は、この内容を全社目標達成状況報告担当者(図 3.3)に伝えます。

(2)　機能別点検(業務会議)

　機能総括部門は、「各部からの報告で全社の目標達成に向けて活動の調整が必要な事項がある」と判断したテーマについて、関係部門長間で協議します(図 1.5 の業務会議)。これが機能別点検です。

　活動調整をするなかで、他の機能に関係する内容がある場合は機能総括部門が総合会議に提起します。機能総括部門は部門長までの階層で全社協業の活動が展開されている(部門間連携でより良い活動がなされている)状況を経営会議に報告します。

　調整事項があまり大きくない(確認程度で済ませられる)場合は各機能総括の事務局の連携で済ますことができますが、万が一、調整がつかない事項や戦略変更を要する内容があった場合は、総合会議を通じて全社点検を実施するように提案します。

(3)　全社点検

　年度方針が公示された後、各部門は下方展開して具体的な活動を開始します。その活動に対する全社点検は、定例で開催するものと臨時で開催するものがあります。

　定例の点検は活動の適正を診断する目的で、年初、年央、年末に計画します。年初点検、年央点検、年度末点検および全社点検の留意点については、以下のとおりです。

(a) 年初点検

　年初点検を実施する目的は、各部門の下方展開が正しくされていることを確認することです。経営企画部門（総合会議事務局）は各部門の展開計画を確認して「模範的な展開」を行った部署と「課題が残る展開」を行った部署を対象として選び、全社点検を企画します。これは、「計画の質」を確保することが目的です。

　「良い部署と悪い部署を選んで点検する」ので、「課題が残る展開をした部署の恥をさらさない」よう、事務局は「課題が残る展開」をした部署に対して点検の前に、当該部長に展開の悪さを見直すよう要請し、各部門が最も努力して検討した結果を点検できるようにします。

　このような根回しをすることで、点検当日の現場で「よく整理できている。このまま活動を続けてほしい。期待している」とコメントできるようにすることがベストなのです。

　当日のテーマに参加していない部門長は、年初点検を傍聴し、自部門の展開を見直します。結果として全社の各部門の下方展開の質を上げることにつながります（こうして、部門長に対するOJTの役割も果たします）。

　なお、全社協業の観点から、事前の根回しもせずに、いきなり公の場で部門長をつるし上げることは、まったくの悪手にほかなりません。

(b) 年央点検

　基本的には四半期のサイクルで実施します。経営企画部門（総合会議事務局）は、図3.13の⑧の内容から苦戦しているテーマを選択して全社点検を提起します。テーマに関係する部門は事前に課題を共有して乗り越え策を検討します。

　点検時には、「最大限に努力している状況」が報告されることになります。この内容について、進め方のアドバイスとともに、「トップとし

て支援すべき事項」を聞き取ることが目的なのです。

　定期点検のほかに、状況によっては臨時の点検を計画します。これは、総合会議の結果、大きな戦略・戦術変更が必要と判断されたテーマに関して行われます。臨時の点検を行う場合、目標達成状況報告者が被点検者となります。

■トップの口癖の背景

　ある企業のトップは、幹部社員に対して口癖のように言っていました。

　　「点検でこれ以上の期待ができないと感じたときは、私は上から順番に対策を考える。うまくないと感じた場合は指揮官から変えないといけない。それがトップのなすべき対策なのだ」

　この口癖の背景には、トップの「"全社方針は管理者自身が厳しく対応しなければならない"という認識を幹部社員にもってほしい」との意識があったのです。

（c）　年度末点検

　年度末には活動成果の総括をします。つまり、「目標達成状況の確認」「実行項目の成果と反省の実施」「標準化」「次年度への課題の整理」を行います。

■３カ月も早い年度末点検のワケ

　A社の事業年度は４月ですが、12月には年度末の点検を計画し、３カ月後の結果を予想しています。

　なぜ３カ月も早く行うのか。

　それは、A社が２月には次年度の重点活動を決めるため、３月に

年度末点検を行い反省すべき活動を見つけても、次年度の課題として取り上げることはタイミング的に困難だからです。

　12月時点でまだ検討中の内容は、「3月時点の成果を期待することは難しい」と判断すれば、「12月実施でも内容があいまいになる危険は少ない」と判断しています。

（d）　全社点検の留意点

　すでに説明したとおり、点検は成果を確たるものにするために行います。「これは何だ！」「こんなことではどうにもならんじゃないか！」と被点検者に非を指摘し、「何とかしろ！」と叱りつけても成果の期待度は高まりません。

　かつて点検はaudit（監査）と訳されていた時期がありましたが、むしろdiagnosis（診断・診察）のほうが目的に合致した言い方です。つまり、「医師が患者を診察して病状を判断し、適切な処方箋を提案する」プロセスをイメージできることが大切なのです。

　結果の指摘よりも原因の探求が中心とならねばなりません。原因に対して、医師と患者が一体となって治療に当たる（医師の指示に従って患者が自ら治療に努力する）イメージをもつことが重要です。抜本的な治療を行い得る最大の権限をもつトップが自ら診断を行うので、最高レベルの治療効果が期待できるのです。

　効果的な診断にするために、報告者はQC事例を準備する（事実を報告する）べきです。某社ではすべてA3サイズ1枚のQCストーリーで報告することを義務づけています。

　全社点検は目標項目単位で実施されます。このとき、目標項目報告者は全体総括を、実施部署は自部門の展開状況を業務改善事例としてまとめます。そのなかのいくつかを選んでそれぞれ10分程度で報告します。

　被点検者は、ベストを尽くしている状況を報告することが重要です。「○○が遅れています」「○○ができておりません」といって行動できていない状況を報告しても仕方がありません。遅れているのなら、遅れた理由と挽回策を明確にしなければなりません。

　点検者は「ベストを尽くしている状況の報告を受けている」という立場をとります。そういう前提でいればこそ、最適な処方箋を出すことができるからです。そのため、都合の悪いところを隠した報告はトップ点検を誤った方向に導くといえます。

　機能総括事務局は幹部職員が公の場で叱正されることを基本的に嫌います。「担当部署が精いっぱい対処している姿を全社共有することが重要課題達成の鍵になる」との考え方で活動しており、事前準備で挽回する機会を提案してテーマ進行を促します。古い言い方ですが、「許される根回し」こそ、方針管理推進の鍵かもしれません。

　某社のトップ点検は、目標項目1つにつき2時間程度をかけています。被点検者は「目標項目報告担当者(**図3.3**)」「展開担当部門の長」「機能総括部門の長」がなり、点検者には「社長」「展開担当部署以外の担当役員」がなります。トップ点検は目標項目の達成促進とともに中間管理者へのOJTの役割をも担っています。

　実務担当者は改善事例を、管理者は業務改善事例をA3サイズ1枚でまとめられるよう訓練しておくことが必要です。

■総括部門が果たすべき最大の役割

　筆者が品質機能総括を担当していたときの経験を紹介します。

　当時、全社点検テーマは点検の1カ月あまり前に通知されていました。その後、関係部署に集まってもらい、点検当日の手順(総括説明の後にどの活動事例を報告するかなど)を相談し、点検のシナリオを合意します。

　点検テーマは、苦戦している目標項目が対象になりますので、展開状況のなかには必ずと言ってもいいほど「……が遅れています」のような内容が残っています。

　そこで、総括事務局は、「まだ1カ月あります！　必死に挽回しましょう！　1カ月もあれば相当挽回できるはずです！　点検時には挽回している様子まで報告しましょう！」と関連部署の皆さんに提起します。こうして、関係部署の活動に通常以上のアクセルがかかります。

　このように関係部署と意思疎通を図ることで、点検当日はベストを尽くしている状況が報告できるように仕掛けていきます。

　総括部門の最大の役割は活動を促すことなのです。

　「トップ診断は診断当日よりもむしろその前（準備）の活動促進が大きな意味をもっている」といえるのです。

3.7　方針展開のサイクル

　これまで中長期方針の設定から年度方針のフォローまでを説明してきました。この活動を年度ごとに確実に回していくことが方針管理成功の鍵です。このとき重要になる年度サイクルの例は図3.14のとおりです。

　図3.14の各段階について、以下、解説していきます。

　①　中長期課題の整理

　　情勢変化のスピードはますます速くなっており、固定した中長期計画では対応がますます困難になっています。毎年ローリングで見直しを行うことは必須です。国際情勢や国内情勢の変化、業界の動向、社内における自事業部の位置づけなどを、各種のデータにもとづき、ブレーンストーミングや親和図法を活用して分析・予測をしていきます。その後、分析や予測にもとづいたシ

```
 9月〜     中長期課題の整理                    ①
11月初     中長期方針の内示                    ②
          中期利益計画の内示(投資のレベル表示)
12月中     トップ診断(年度の総括)
 1月       機能別年度方針案の作成               ③
 2月       機能間調整                          ④
 3月初     年度方針の全社への公示             ⑤⑥
 3月       各部門で下方展開(実行計画の作成)      ⑦
 4月〜      (各部門実行)
 4月中     トップ診断Ⅰ(下方展開の適正化)
 7月中     トップ診断Ⅱ(展開状況)
 9月中     トップ診断Ⅲ(展開状況)
```

注) 本事例は4月事業年度で表示してある。

図3.14 方針管理の年度サイクル(某社の例)

ナリオごとに自事業に与える影響(メリット・デメリット)を考えて、対応すべき課題の整理をします(メリットを生かす、デメリットを回避する)。この時点で想定できるシナリオや課題はどうしてもぼんやりとした内容になりがちですが、想定時点で可能な限り確からしい内容にするよう心掛けることが重要です。

② 中長期方針の内示

図3.14の会社では、中長期方針を内示しています。「年度の活動に中長期と年度が存在すると迷いが生じるので、公示は年度方針に統一させる」という考え方をとっています。

中長期方針では、その初年度に到達すべきレベルと活動を年度方針に組み込むことになります。

③ 年度方針案の作成

各機能(Q:品質、C:コスト、D:納期、M:人事・厚生・安全衛生)を総括する部署は、中長期課題と年度の活動反省にもとづいて課題を整理します

活動の反省は、トップ診断と、以下の事項を各部にヒアリング

（機能総括部門が実施）した内容を、親和図法で整理して行います。

- 年度末の目標達成状況
- 過去の活動のなかで他部門に協力してほしかったこと

こうして、中長期方針の初年度と年度反省から機能別の全社課題を整理していきます。

④　機能間調整

各機能で出された課題について、機能間での矛盾の有無を確認し、全社としての調整をします（経営企画部門と機能総括部門）。

⑤　方針書の作成

機能をまたぐ全社的なテーマ（総括方針）と機能別のテーマについて目標項目・目標値・重点方策・担当部署を作成し、全社方針書にまとめます。

例えば、「デミング賞実施賞に挑戦」「情報システムの整備」「おはよう運動の浸透」などが総括方針となります。

⑥　全社への公示

方針公示では方針策定の意図・着眼点をトップ・機能総括部門長から幹部職員に説明します（年度方針説明会）。

⑦　各部門で下方展開（実行計画の作成）

各部門で下方展開をして、実行計画を作成します。

図3.14では、課題の整理をタイミングよく実施するために、中長期課題の整理と、年度の反省時期を工夫しています。中長期方針は11月初旬に、活動の反省は12月のトップ診断Ⅳで行い、タイミングよく次年度に反映できるように工夫されています（4月事業年度の例）。

図3.14で特徴的なのは、年度方針を3月初旬に公示しているところです。3月は各部の下方展開を計画する期間として捉えています。

図3.14の実施企業では、かつて4月に公示していましたが、下方展

開が完了するのが4月末になってしまい、実際の行動開始がゴールデンウィーク後となってしまうケースが多く見られました。最も重要な課題への活動に遅れは許されないため、4月1日からDo(実行)に移りたいと反省し、3月公示に変更されたのです。

3.8 方針展開の事例

　以下に解説する事例は、1990年代に、中部品質管理協会の品質管理部課長コースやTPMの発表会などで紹介された某自動車メーカーの生産技術部長の事例を編集したものです(方針の活動内容には社外秘となっているものが多く、公開されたものとなるとどうしても古い事例になってしまいます)。

　本例では展開のプロセスを紹介していきます。図3.8の手順と照らし合わせて展開の手順を理解して下さい。

(1)　活動テーマ

　1991年度　生産技術部長方針

　「生産準備の前出しによるD車生産の安定立ち上げ」

(2)　課題の整理(取り上げた理由)

　環境の認識とBモデル開発活動の反省をもとに、Q・C・Dなど全機能に対する課題を整理しました。

(a)　環境の認識(将来動向の把握)

　まず、将来動向を把握するため、周囲を取り巻く環境を把握しました。図3.15に一例を示します。

　このとき、図3.15から読み取れたのは、以下のような内容です。

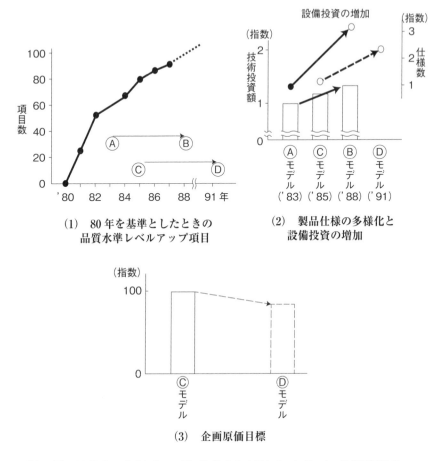

(1) 80年を基準としたときの
品質水準レベルアップ項目

(2) 製品仕様の多様化と
設備投資の増加

(3) 企画原価目標

注) (2)のBはAのモデルチェンジ、DはCのモデルチェンジ、A・C車は同型の
姉妹車である。

図3.15　将来動向把握のための基本情報

① 市場要求品質が高度化・多様化につれて、設備に要求される品
質水準がレベルアップし、仕様数も増加している（**図3.15**の(1)
(2)）。

② 上記①に対応するための設備投資増加により厳しい原価企画目

標の必達が必要になっている（図 3.15 の（3））。

　また、当時も価格競争は激化しており、かつ市場の伸びがやや鈍化していたことから、生産量の変化が大きいことが予想されていた。

（b）　過去の活動（1988 年開発の B モデル）の活動の反省

　B モデルで重点としていた活動は以下の内容でした。

①　計画段階の活動について、設計 DR への参加、および QFD の工程展開レベルを上げる。

②　新工法を開発することで設備費を低減する。

③　設備企画、工程計画を充実させて、変動に強い工程づくりを目指す。

　この結果である B モデルの成果（目標項目の結果）を分析する際には、まず、各目標項目の結果について解析し、活動の課題を探りました。本書では、この一例として、「溶接工程におけるライン非可動率と製品 1 台当たり加工費の解析例」を、図 3.16 〜図 3.18 に示しました。それぞれにおいて、「結果」（図 3.16）、「反省」（図 3.17）、「課題の整理」（図 3.18）が示されています。なお、これと同様に他の目標項目についても解析したのですが、本書では省略しました。

　方針の設定では、過去の解析を十分に行うことが重要です。このとき、結果のデータとともにプロセスのデータも併せて解析することで、事実を正しく把握することが大切です。こうして得られた解析結果から活動の反省点を明確にして、次モデルに対しての活動課題を抽出します。

■「もし・たら解析」のすすめ

　D 社の開発時点では、B モデルの開発活動は数年前の出来事でした。そのため、結果のデータはわかっていたものの、活動の問題

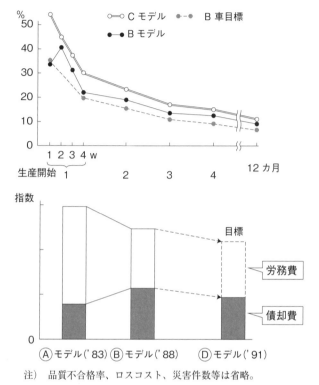

注) 品質不合格率、ロスコスト、災害件数等は省略。

図3.16 B車溶接工程におけるライン非可動率と製品1台当たりの加工費

点が見えにくい部分も存在していました。

　このように活動の実態が見えにくいケースでは、反省のやり方として、「もし・たら解析」が有効です。

　これは、

　　「もしも、あのときに、○○を××していたら問題を未然に防
　　止できた、または早く発見できたかもしれない」

という問いを繰り返すことで、課題を発見するやり方です。

　「もし・たら解析」では、個別の反省レベルは高くならないかも

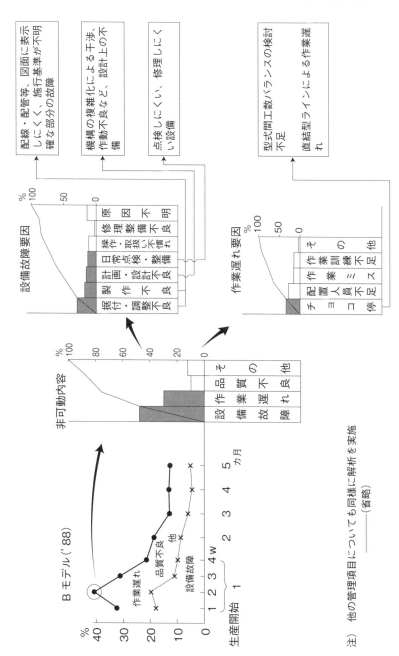

図 3.17 B 車溶接工程ライン非可動率の解析 (課題の抽出)

注) 他の管理項目についても同様に解析を実施
          ——(省略)

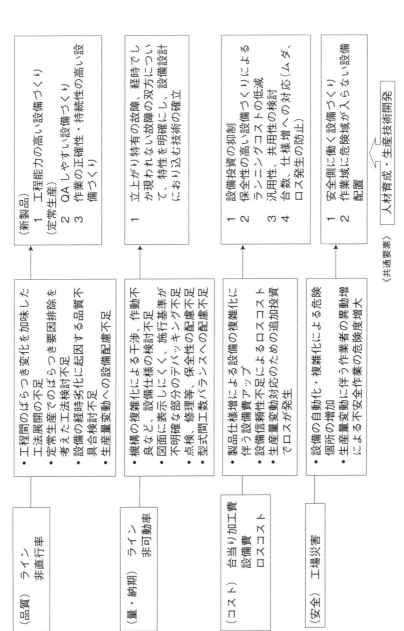

図3.18　課題の整理

しれません。しかし、これらを原始情報として扱い、QFDの要求
品質整理と同様の手順で、実際に困った多くの問題を反省して親和
図法的に集約してみると共通の弱さが見えてきます。

　余談ですが、営業系の方々に、「失注の原因を解析してください」
とお願いすると、よく出てくる回答が「価格競争に負けたから」で
す。営業系の方々は自分たちの行動の悪さを論じることを嫌うよう
に見えます。特にそういう場合に、「もし・たら解析」をしてもら
うと、別の問題点が発見できた事例を、筆者は何回も経験してきま
した。

(3)　年度目標の設定

　Dモデルの目標を、品質・生産(納期)・コスト・人財など、機能ごと
に設定しています。

　図3.19では品質・生産・コストの目標項目の一部を掲載しました。
前モデル(Bモデル)の実績とDモデルの目標が明示されています。こ
れによって実施部門に対して目標値の厳しさの程度がわかるようになり
ました。

(4)　重点実施事項の明示

　ここでは、上記(2)の課題を達成するために必要となる、下記のよう
なDモデルへの挑戦事項が指示されました。
　①　設計構想段階からの積極的な働きかけ
　・製品設計審査以前に設備面の要件を働きかけること(要件書の作
　　成)
　・品質目標と工法・設備の関係追究による作りやすい製品設計を働
　　きかけること(QFD工程展開の発展)

目標の設定

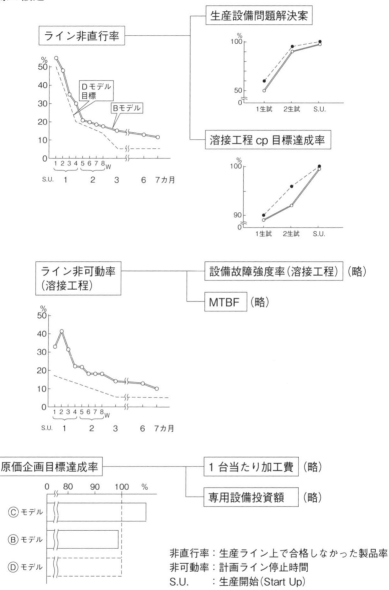

非直行率：生産ライン上で合格しなかった製品率
非可動率：計画ライン停止時間
S.U.　：生産開始(Start Up)

図 3.19　D 案の目標(Q、D、C の例)

- 新生産技術の開発・導入による製品企画・製品設計の自由度を拡大すること
② 工法の事前評価の充実
- コスト面からの工法研究。例えば、LCC（Life Cycle Cost）が最少となる工法を選択できるようにすることなど
③ 設備の事前評価の充実（QFD 工程展開の発展）
- 部品品質までを加味した設備精度を追究すること（工法展開のキメ細かさの拡大）
- 生産過程での保証しやすい設備の検討（QA（Quality Assurance）しやすい5条件の設定）
④ ステップ別管理の徹底（問題点の予測、対策、フォローの徹底）
⑤ MP 情報の収集と活用による設備設計の質向上
- MP（Maintenance Prevention）提案書を改定すること
- 運用方法を改善すること（設備設計マニュアル、生産技術標準）

　以上に例示したのは、部長レベルの重点実施事項です。1年は短いので、抽象的にならないよう、具体的な実施事項を指示しています。
　本事例では、重点実施事項を下方展開するに当たって、部長の思いが伝わるように全体における重点の位置づけを図示しました。あわせて、展開の考え方とI課からⅢ課までの割付けを明示しました。部長と課長の重点に対する認識が共有できるのでとても親切な指示といえます。
　このときの重点実施事項の位置づけ（**図3.20**）は以下のとおりです。
① 生産技術の業務における今回の重点位置
　同社の新製品開発体系（**図3.20**）から、「今期の重点（Dモデル開発）活動が活動ステップのどこに焦点を当てているか」が読み取れます。展開する各課は共通の認識をもつことができます。
② 重点実施事項展開の考え方と分担表（**図3.21**）
　各課の分担を明確にしてフォローの仕方も明示しました。ま

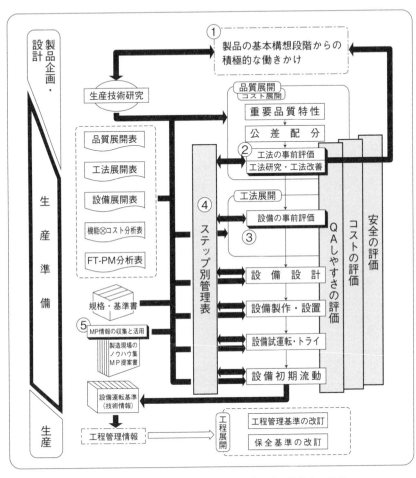

①～⑤：強化する部分
MP：Maintenance Prevention
FT：Fault Tree
PM：Phenomenon Mechanism

図3.20 新製品開発体系におけるD車重点実施事項の位置づけ

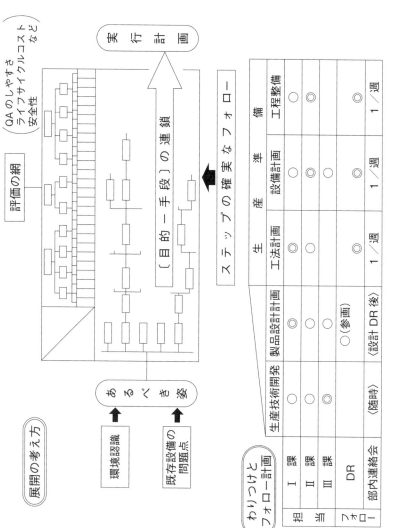

図3.21 重点実施事項の考え方と分担表

展開の考え方

評価の網
（QAのしやすさ
ライフサイクルコスト
安全性 など）

実　行　計　画

あるべき姿

〔目的−手段〕の連鎖

環境認識

既存設備の
問題点

ステップの確実なフォロー

わりつけと
フォロー計画

担当フォロー	生産技術開発	製品設計計画	生産 工法計画	準備 設備計画	備 工程整備
Ⅰ課	○	◎	◎	○	
Ⅱ課	○	○	○	◎	○
Ⅲ課	◎	○		○	
DR		○(参画)	◎	◎	◎
部内連絡会	〈随時〉	〈設計DR（後）〉	1／週	1／週	1／週

た、この計画に沿ってフォローが計画されました(詳細は省略)。

(5) 重点実施事項の展開

　本事例では、作業の正確性および持続性の高い設備づくりを目指し、例えば、新規の設備である「D車フロントデフ自動締付機」の導入においては、図 3.22 ～図 3.24 のように展開されました。各課が展開した具体的な活動を以下に解説します。

　「D車フロントデフ自動締付機」を導入する際に、各課が連携して良い結果を求めるためのポイントは以下のとおりでした。

(a) 課間で共有した検討のポイント

　下記のような品質保証しやすい設備の5条件を設定し、特に人による作業のばらつきに焦点を当てた改善を指向しています。
　　① 良品を作る条件が明確になっている。
　　② 条件は現場でムリなく設定できる。
　　③ 設定した条件は運転中に変化しにくい。
　　④ 変化が起こった場合はすぐに発見できる。
　　⑤ 変化があった場合の修復が容易にできる。

　ここで、ムリとは、「都度微調整する必要がない」「カン・コツ作業がない」「手元が確認できる」「力仕事がない」「作業姿勢にムリがない」「特殊工具を使わない」作業を指しています。

(b) 各課の重点実施事項のポイント

　課ごとの実施事項では、より具体的な行動(戦術)を示すことが必要です。下記のような対応を行いましたが、特に「強化」「充実」などといった表札言葉をなくしているのがポイントです。
　　① 工法事前評価表を作成し、工法条件設定時の問題点を洗い出

し、対策した(Ⅰ課)。

②　工法展開表(QFD)に設備事前評価表(新設)を追加して設備設計時の問題点を洗い出し、対策した(Ⅱ課)。

③　ステップ別管理表を新設して、計画段階から安定生産に至る各ステップでの心配事項の解消状況を見える化した(全課)。

(c)　展開の具体例Ⅰ

課重点実施事項①の内容(Ⅰ課の活動)を、以下の手順で行いました(図 3.22)。

(手順1)　「組付けをすべて人手で実施する」と仮定して、作業の手順を整理します。

　　自働化をする場合も作業手順が明確でないと機械にどのような仕事をさせるのかが不明確なので、(手準1)で対応します。

(手順2)　QA しやすい5条件を細分化(具体化)して組付け手順ごとにチェックして問題点を洗い出します。工程の FMEA(Failure Mode Effect Analysis)のフェイラーモード抽出と同じ考え方です。

　　5条件の細分化は組み立て作業の特徴を考慮して作業者にとってやりにくい作業要素に置き換える必要があるので、(手順2)で対応します。

(手順3)　問題点に対してありたい姿(必要機能)を考察します。

　　西堀榮三郎先生[2]は、「技術者には、"この方法しかない"は禁句である」と言われました。「これがだめならあれもあるさ」と解決策を複数案考えることが生産技術の技術者の腕です。(手順3)で対応しています。

---

2)　1903 〜 1989 年。冒険家であり科学者。品質管理普及の功績でデミング賞本賞受賞(1954 年)。京都大学理学部教授(1956 〜 58 年)。初代南極観測隊越冬隊長(1957 〜 58 年)。

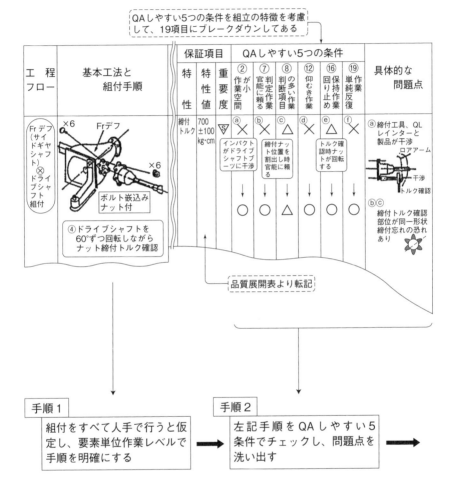

QAしやすい5つの条件を組立の特徴を考慮して、19項目にブレークダウンしてある

品質展開表より転記

手順1	手順2
組付をすべて人手で行うと仮定し、要素単位作業レベルで手順を明確にする	左記手順をQAしやすい5条件でチェックし、問題点を洗い出す

図3.22　課重点実施事

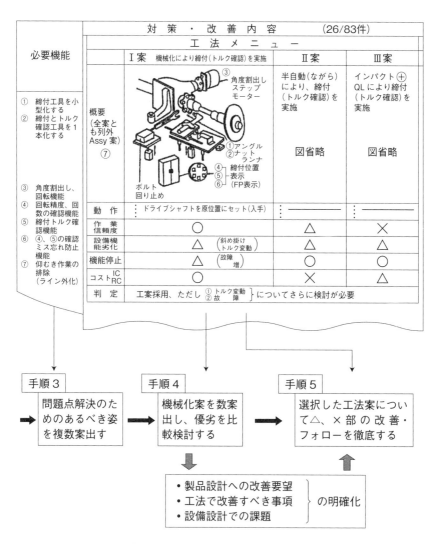

必要機能	対　策　・　改　善　内　容 (26/83件)			
	工　法　メ　ニ　ュ　ー		Ⅱ案	Ⅲ案
	Ⅰ案　機械化により締付（トルク確認）を実施		半自動（ながら）により、締付（トルク確認）を実施	インパクト⊕QLにより締付（トルク確認）を実施
① 締付工具を小型化する ② 締付とトルク確認工具を1本化する	概要（全案とも列外Assy案）⑦	③角度割出しステップモーター ①アングル ②ナットランナ ④締付位置 ⑤表示 ⑥（FP表示） ボルト回り止め	図省略	図省略
③ 角度割出し、回転機能 ④ 回転精度、回数の確認機能 ⑤ 締付トルク確認機能 ⑥ ④、⑤の確認ミス忘れ防止機能 ⑦ 仰むき作業の排除（ライン外化）	動　作	ドライブシャフトを原位置にセット（入手）	——————	⋯⋯⋯
	作業信頼度	○	△	×
	設備機能劣化	△（斜め掛け・トルク変動）	△	△
	機能停止	△（故障増）	○	○
	コスト IC RC	○	×	△
	判　定	工案採用、ただし ①トルク変動 ②故　障 } についてさらに検討が必要		

手順3	手順4	手順5
➡ 問題点解決のためのあるべき姿を複数案出す	➡ 機械化案を数案出し、優劣を比較検討する	選択した工法案について△、×部の改善・フォローを徹底する

⬇ ・製品設計への改善要望 ・工法で改善すべき事項 ・設備設計での課題 } の明確化 ⬆

項①の内容（Ⅰ課の活動）

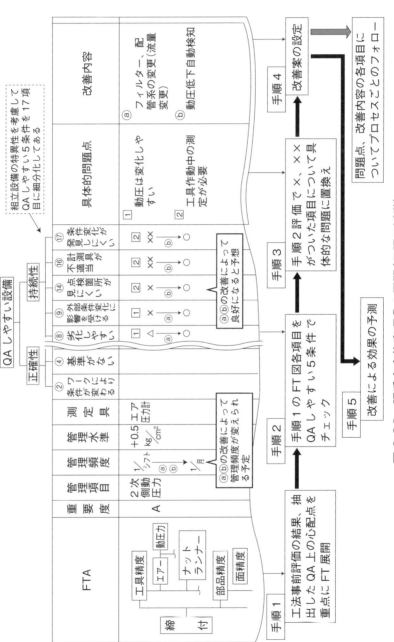

図3.23 課重点実施事項②の展開（Ⅱ課の活動）

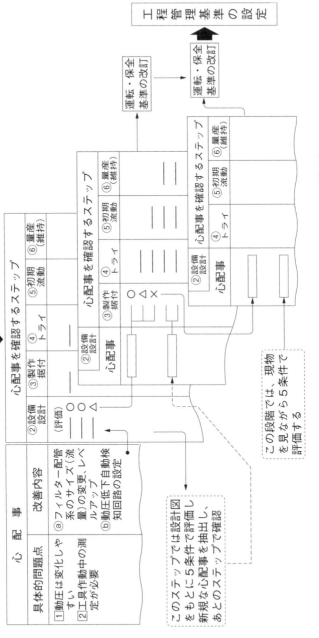

図 3.24 課重点実施事項③（心配ごとのフォロー）（全課）

（手順4）　ありたい姿を設備の仕様・構造案に置き換えます。複数案を考案することが重要です。複数案を総合的に判定して最終判断をします。

　　品質の確保を前提に、「作業のしやすさ」「信頼性」「コスト」など多角的にチェックして最適と判断される方法を選択するために、（手順4）があります。

（手順5）　採択した案で△・×の項目への対応策を検討します。課題達成型 QC ストーリーの手順です。

　　最適な方法でも、チェックのなかには△・×項目も存在します。「最適を選んだのだから多少の△・×はやむを得ない」と言わず、「この△・×の項目を〇にする解決策を講じなければ」と動く場面が生産技術の腕の見せどころです。本事例では、課題がⅡ課に伝達されています。

（d）　展開の具体例Ⅱ

　課重点実施事項②の内容（Ⅱ課の活動）は、Ⅰ課の活動（手順5）で明確になった問題を設備で解決するための検討を行います（図 3.23）。

（手順1）　工法事前評価で抽出された問題点について要因系統図（Fault Tree Analysis：FTA）を作成しました。また、本事例では、故障しないための必要条件を考察する方法として、「あるべき姿」を系統図（FTA と同じ形）に整理する方法も採用しました（逆FTA）。手法の詳細は省略します。

（手順2）　要因各項目を QA しやすい5条件でチェックしました。

（手順3）　（手順2）で、「×」「××」の項目について問題をさらに具体化しました。

　　改善案を再び5条件でチェックして効果を予測しています。ここでは設備のありたい姿を検討したので、作業のしやすさと持続性の

視点でも5条件を具体化していました。

（手順4）　改善案を出し合いました。

（手順5）　改善による効果を予測しました。

　本事例を通して、生産技術部門が終始生産工程のムリ・ムラに着目して、作業しやすい工程づくりに努めている姿が見えました。「後工程はお客様」に徹した活動が展開されています。

(e)　展開の具体例Ⅲ

　課重点実施事項③の内容（全課の活動）では、QAしやすい設備づくりに対して活動ステップごとに進捗・成果・後工程への伝達事項をフォローします（**図3.24**）。

　顕在化させた心配事について、設備新設手順の各ステップで追跡評価を重ねています。また、この結果から得られた工程管理時に留意すべき事項を設備運転基準、工程管理事項（初期条件設定・作業標準・QC工程表など）にもれなく伝達しています。検討の遅れは後工程への影響が大きいので、進捗の管理（フォロー）は最大でも週単位で実施し、課間の調整を図っています。

　生産準備の未成熟はそのまま生産工程に持ち越してしまいます。したがって、問題の先送りは許されません。例えば、心配事を整理・分析する（**図3.24**）などして、キメの細かいフォロー（PDCAサイクルのスピードアップ）を重点活動に取り込んでいます。

　設備設計までの段階では5条件視点でのDR、設備据え付け以降は現物に対して5条件視点の評価を強調した例です。

　工程設計・設備設計で反映できなかったことをそのまま工程管理でカバーするよう指示して一件落着といった例をよく見かけます。しかし、これでは生産工程が迷惑するだけです。前ステップのツケを後ステップに持ち込ませないように配慮することは非常に大切なのです。

(f) 効果

工法の事前評価の効果(Ⅰ課)は、**図3.25**のとおりでした。

設備の事前評価の効果(Ⅱ課)は、**図3.26**のとおりでした。

ステップ別管理の効果(全課)は、**図3.27**のとおりでした。

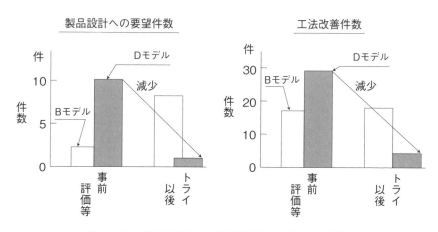

図3.25 製品設計への要望件数、工法改善件数

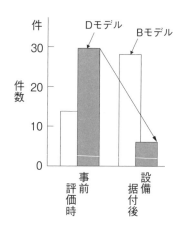

図3.26 設備改善件数

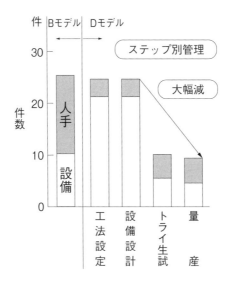

図3.27 工程管理項目数

　各ステップで量産時に問題となりそうな不具合を事前に予測して対応した結果、生産現場で重点とすべき設備調節項目・作業での急所要件が大幅に減少しました。つまり、作業のムリが大幅に解消されて、ふつうに作業すれば良品が作り続けられる工程になりました。

　生産工程からムリを追放すると工程は飛躍的に安定します。「新人だから」「不慣れだから」起きる不具合は、作業要素のなかに何らかのムリ要素が存在していることで起きるのです。本事例は従来に比べて工程管理項目が半減しています（図3.27）。

　ステップ別のフォローの結果、「どのステップの活動に甘さがあったのか」を反省することができました。その結果、生産開始から生産タクトの変動にも左右されずに安定した品質が確保できています（図3.28、図3.29）。

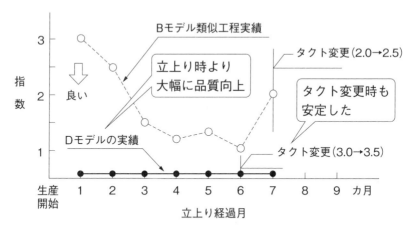

図 3.28　D モデル足回り締付品質状況

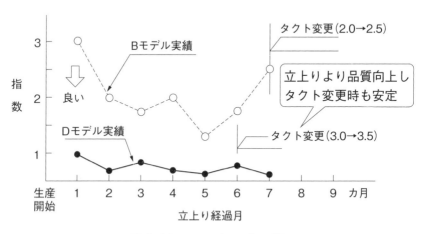

図 3.29　D モデル誤欠品状況

(6) 活動の評価（全体の評価）

　課重点実施事項の成果を分析し、設計構想段階から積極的な働きかけを行った結果をまとめると、以下の①、②のとおりです。

①　Bモデルに比べてDモデルは設計への提案時期が早まっている（**図3.30**）。

②　作業性の向上、コスト低減の提案、品質向上など多岐にわたった提案が活発になされている（**図3.31**）。

　ステップ別管理の結果、早い段階で問題の予測ができるようになり、生産試作段階までに対策が完了するようになっている（**図3.32**）。そして、活動が以前に比べて早い段階からスタートしています。

　設計例では、従来は詳細設計の段階で提案していたため、提案されても時期的に採用できなかったこともありましたが、構想段階（図面を書く前）で提案されるようになってからは採択できる余裕をもてるようになりました。また、生産準備のステップでも問題の予想レベルが高まったことで、対策の前出しができるようになりました。

　本事例の企業では「生産試作を作業訓練の場にしたい」と考えていま

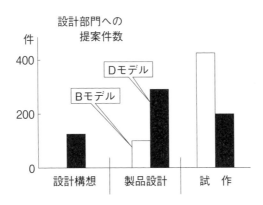

図3.30　設計部門への提案件数

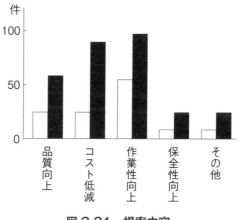

図 3.31 提案内容

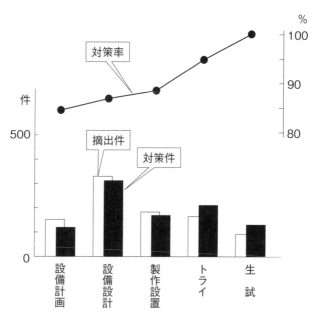

図 3.32 ステップ別管理による予想問題対策率のグラフ

した。「工法・設備・工程が正規化されていない工程」(仮の工程)では作業訓練に支障をきたしますが、D車では対策が生産試作時に100%完了しているので、安心して作業訓練ができるようになりました。そのため、安定した生産開始が期待できる姿になったことがわかります。

(7) 効果の確認(目標達成状況)

生産技術問題解決率(Σ解決件数／Σ要対策件数)が良い方向に推移していきました(**図3.33**)。その理由は、問題の発見が早くなったために改善行動も早くなったためです。結果、ライン非直行率、ライン非可動率、原価目標達成率など、設定したすべての目標項目で前モデルに比べて大幅にレベルが上がり、目標値もクリアできたのです。

(8) 今後の進め方

品質(Q)とコスト(C)の視点から、それぞれ今後の課題を以下のように整理しました。

① 品質(Q)
- 自動化の拡大に伴って自動化設備の品質保証の重要さが増大しており、対応する必要がある。
- 多種混合生産ラインでのケアレスミスに対応する必要がある。
- 再発防止から未然防止へステップアップする必要がある。

② コスト(C)
- 汎用自動化設備の増強が必須である。
- 多仕様対応の自動化技術開発を促進する。
- ライフサイクルコストを考慮した設備設計を行う必要がある。

また、品質・コストと同様に、納期・モラール・安全などについての課題を整理していきました。これらの課題をしっかりと認識することで、今後さらに強くすべき活動を把握しました。

目標の設定

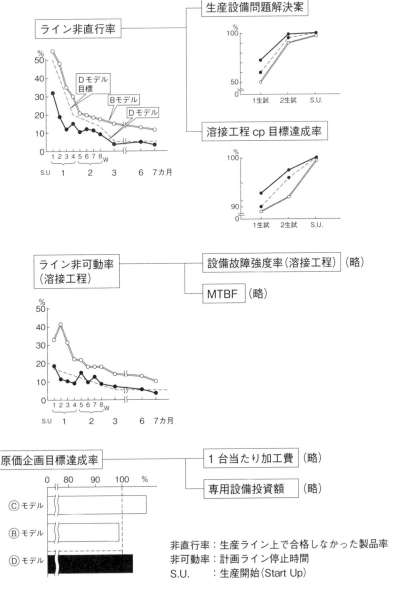

非直行率：生産ライン上で合格しなかった製品率
非可動：計画ライン停止時間
S.U. ：生産開始（Start Up）

図 3.33　D 車目標達成状況

　本事例では、このなかから今後の重点課題として、以下をピックアップしました。

- 事前評価表の質を向上させる。定常生産で発見した項目の評価表への折り込み基準・折り込み方法を見直し、改善する。
- 評価基準の定量化を促進する。
- 事前評価表、ステップ別管理表を簡略化して適用を拡大する。
- 設備の長寿命化に対する耐久性・経済性を研究する。

　Ｄモデルの初期管理が終了した時点で総反省を行いました。これと将来動向の分析・予測の結果を合わせることで、次のモデルに対する業務改善・改革が進んでいきました。

　以上のようにして、本事例は、コンカレント開発を具体的に展開する場合の課題と解決策を講ずるための貴重な体験となりました。生産準備の活動が製品設計と並行して展開され、品質の早期安定・開発期間の短縮を実現させるための着眼点がより一層明確になったのです。

　方針の展開を実践するときには、QC的問題解決・課題達成のストーリーを基本にすることを推奨します。なぜなら、事実の認識、活動経過の確認、関係者間での課題共有など、わかりやすくかつ効果的に行えるからです。

第 4 章

方針管理の見直し

本章の要旨

　方針管理は経営管理のための有力なしくみです。しくみは時宜に合うように、絶えず見直しをしていかねばなりません。基本を十分に理解したうえで自社に合うしくみを見直す必要があります。

　方針管理のベースは TQM 活動の実践です。TQM の考え方は時代が変わろうとも不変です。

　本章では 1980 年代に指導されていた「方針管理をうまく進めるためのキーワード」をそのまま用いました。時代が変わろうとも忘れてはならない基本事項が指摘されています。

　「先人に学ぶ」姿勢で確認してください。

4.1 方針管理の重要性・有効性

　方針管理の重要性・有効性は、すでに日本品質管理学会をはじめ、多くの一般企業でも共有されています。

　本章まで方針管理を正しく運用するための視点から説明してきました。しかし、形だけで、「方針管理をやっている」と言わないために、方針管理のしくみが健全に回っていなければなりません。そのため、方針管理の推進部署は定期的に（毎年）しくみを見直さなければなりません。

　4.2節、**4.3節**では1980 ～ 1990年代に広く使われていた中部品質管理協会部課長コースのテキストをベースに「方針管理を効果的に推進するためのポイント」を示していきます。具体的な引用箇所は、**4.2節**の①～⑩、**4.3節**の①～㉚です。

　筆者は、時代の変遷に伴って方針管理がややもすれば形骸化してきたのは、こうした基本的な事項が忘れ去られたことに要因があると考えています。仕事のしくみを考えるプロセスは業態が変わろうとも不変です。基本に立ち返って見直すことが必要であり、本書で紹介した事例や進め方は、いずれもこれらの基本にもとづいたものです。

　以下の事項をチェック項目として「自社の方針管理が有効に機能しているかどうか」を確認してもらいたいと思います。

　チェックした結果、△・×の項目がある場合は、推進上のどこかで課題があることになるため改善が必要です。多くのチェック項目は方針に限らず、企業が良い仕事をするうえで基本的な内容だとわかります。企業文化に合わせて体質向上を継続的に改善していくことを心がけてください。

4.2 方針管理を効果的に推進するための 10 ポイント

方針管理を効果的に推進するための 10 ポイントは以下のとおりです。

① 前期の問題点の反省・分析を十分に行うこと。

② 方策は観念的なお題目にせず、重点的かつ具体的にすること。

③ 上下左右のすり合わせを十分に行うこと。

④ 長期的な展望をもって、挑戦目標を掲げて進めること。

⑤ 方針の達成度を評価できる良い管理項目を設定すること。

⑥ 月次で達成状況をチェックし、徹底的に PDCA を回すこと。

⑦ 部門間連携を図り、協力体制を強化すること。

⑧ トップ診断で問題点を摑み、指摘事項を十分フォローすること。

⑨ 経営上の重要問題を取り込み、QC 的問題解決を図ること。

⑩ 日常管理を積み重ね、しくみの定着を図ること。

4.3 方針管理の注意事項 30 カ条

方針管理の注意事項 30 カ条を、「全般」「方針の策定」「方針の実施」「方針のチェックとアクション」に区分して紹介していきます。

(1) 全般

① 方針管理は、トップがリーダーシップをもって進めることである。

② 「己は何をなすべきか」を全社員に認識させよ。

③ 各人の責任と権限、役割分担を明確にしておけ。

④ 問題は、PDCA の回転数だ。1 回だけで「回した」と言うな。

⑤ 方針管理とは、仕事のしくみを変えることである。

⑥ 日常管理が維持されていないと、方針管理は成功しない。

⑦ 全社員のやる気とする気がなければ、目標は達成できない。

⑧ トップ診断を実施し、指摘事項を十分にフォローせよ。

⑨ チェックに耐えられる体質がなければ方針管理に手をつけるな。

⑩ 方針管理のしくみを改善し、充実を図れ。

(2) 方針の策定

⑪ 「頑張れ、頑張れ」の大和魂だけでは目標は達成できない。方策が大事だ。

⑫ 数ではない、重点指向せよ。

⑬ 実施計画がないと「Do」抜けになるぞ。

⑭ 方策の立案にあたっては、戦略・戦術を練れ。

⑮ 方策には、創意・アイデアが加味されなければ意味がない。

⑯ 方策は観念的なお題目にするな。「○○により△△を××する」の形をとれ。

⑰ 方策の策定にあたっては、徹底的な対話を繰り返せ。

⑱ キャッチボールは、上下のみならず左右(関連部署)ともやれ。

⑲ 方針は、下位に行くほど具体化せよ。

⑳ 方針・目標を与えても、具体的手段はそれぞれの担当者に考えさせよ。

㉑ 管理項目・目標値・期限は、明確にせよ。

㉒ 方針の達成度を評価するための良い管理項目を設定せよ。

㉓ 達成度が数値で評価できないものは、管理項目ではない。

(3) 方針の実施

㉔ 下位になるほど実行することに専念せよ。

㉕ 行動しないで「達成できなかった」と言うべからず。

（4） 方針のチェックとアクション

㉖ Plan よりも Check（前年度の問題点の反省、解析）から出発せよ（事実の確認）。

㉗ 方針のチェックは、結果よりもプロセスに重点を置け。

㉘ プロセスの良さ・悪さを評価し、アクションをとれ。

㉙ 月次フォローを怠るな。PDCA は最低月に 1 回は回せ。

㉚ それぞれが、それぞれの立場で総力を結集して、問題解決の行動を起こせ。

　最近は、多くの会社で組織がフラット化しており、組織の役割がよく見えなくなっている傾向があると感じます。

　上記のチェック項目はいずれも全社で良い仕事を実現させるための基本事項です。特に、全社的に難しい課題は関係者の知恵を結集して立ち向かうことが望まれます。

　残念なことに、TQM の考え方や展開の仕方が古いスタイルの経営管理のように考えている風潮が見られます。最近、日本品質管理学会でも「TQM の基本に戻ろう」という議論が話題になっているように、TQM の基本となった考え方は不変ですので、新しい業態に適合するよう、それぞれが工夫を加えることで、より良い仕事のしくみが構築できるのです。

■方針管理は温故知新

　10 年ほど前に、ある会社で方針管理のセミナーを開催したときのことです。受講した多くの方から、

　　「眼から鱗だ。今までの方針展開が何となくしっくりこなかった理由がわかった。今こそ基本に立ち返ることが肝心だ」

との意見をもらうことができました。

　また、それ以降、同社は基幹職候補者に対するプリマネジメントコースのカリキュラムに、方針管理のセミナーを組み入れました。同時に、有志の方々が自主勉強会で、旧版の『品質保証ガイドブック』(朝香鐵一、石川馨編　日科技連出版社、1974年)の輪読会も始めたのです。

　仕事の進め方で必ずしもうまくいってはいない要因の多くが、過去に共有されていたはずの基本を見失っていたことによると、気がついたのではないでしょうか。

　筆者は、QC的な考え方のキーワードは「後工程はお客様」「事実を大切に」「全員の知恵を生かそう(全員参加)」だと考えています。

　多くの人が協業する企業では、取り扱う商品が異ろうともこれらの考え方を失ってはなりません。方針管理は、こうした考え方を最重要課題へと展開したしくみなのです。本章で示した内容はいずれも、TQMの基本に沿った展開を説明したものです。

　多くの部署が課題を共有し、同じ方向を向いて成果を上げるためには、良い情報と良いリーダーシップが求められます。トップが「戦略」を明示し、これを中間管理職が「戦術・戦法」に置き換え、実務者が「戦闘」、つまり作戦の完遂に挑戦できる体制が求められます。

　方針展開に特別なプロジェクトチームを結成してプロジェクトマネジメント風に展開した場合、より大きな効果を、より早く得られるかもしれませんが、部下が育ちにくいという欠点が生じます。

　「戦略・戦術は上位の責任者が示し、行動は組織で行う」という考え方が、難問に対する活動を通じた組織力の底上げにつながります。また、問題解決・課題達成では、職位別に求められる視野が違います。つまり、同じものを眺めるにしても、職位によって見方は異なるわけです。

　経営幹部に求められる視野は《天体望遠鏡》です。将来を見つめる眼

で問題・課題を発見し、将来あるべき姿と現実とのギャップを認識することが求められます。たとえるなら、森を見て枯れた部分を発見する技量が求められます。

　中間管理職に求められる視野は《双眼鏡》です。問題・課題を顕在化し、問題の所在部分を特定したうえで、解決への戦術を示します。たとえるなら、枯れた部分から枯れた木を特定する技量が求められます。

　下級管理職に求められる視野は《虫眼鏡》です。問題の細部観察による問題箇所を特定します。たとえるなら、枯れた木の枯れた枝を特定する技量が求められます。

　担当者に求められる視野は《顕微鏡》です。詳細な観察を通じて問題をピンポイント化します。たとえるなら、枯れた枝から虫を発見する技能が求められます。

　退治する対象を"虫"にたとえると、「虫退治」の効果は、以下の流れで確認します。

　　❶　虫はいなくなったか。
　　❷　枝は緑を増したか。
　　❸　木は美しくなったか、他の木は大丈夫か。
　　❹　森全体は美しくなったか、他に別の悪い影響は出ていないか。

　プロジェクトマネジメントでは、プロセスよりも結果に注目するため、特別の事情がある場合に威力を発揮するやり方といえるかもしれません。しくみがどうのという間もなく、とにかく結果を優先するからです。全社の有力者を選抜して突き進むほうがスピーディに事が運びます。いわば、消火活動的なので、防火活動には必ずしも適しているとはいえません。

　防火活動ではしくみの整備・人財育成が不可欠です。良い結果・良い行動を資産化(標準化)して業務の質を継続的に上げていくことが必要です。特定の技術をもつ達人がいるとありがたいのですが、個人がもつ技

術は会社の財産にはなりません。個人のもつ技術を組織の固有技術（関係者が同じ行動ができる力）に置き換える力もまた、組織力だともいえます。

メンバー同士の関係性がフラットな企業でも、チームの力を発揮する、つまり一つの目的に向かって（ベクトルとして）、総合力を発揮するためには、さまざまな工夫が必要になります。

ある企業では、目標管理的に各人が目標を掲げて挑戦する形態をとっていたのですが、これでは一人行動になってしまい若い人が育たない（つまり、組織の力が伸びてこない）ことに気がつき、ミニグループで人数分のテーマに挑戦する体系に変更しました。つまり、一人1テーマではなく、二人で2テーマという考え方です。実質リーダー的なベテランが経験の浅い若い人たちにアドバイス（OJT）しながら進めるので人材の育成も効果的にできています。

4.4　方針管理の見直しポイント

方針管理を的確に運用するためには、定期的に以下のような管理のしくみを見直す必要があります。

① トップの戦略を全社共有するためのしくみ

② 中長期方針を整理するしくみ

③ 年度活動の反省を全社レベルで整理するしくみ

④ 管理項目を設定するしくみ

⑤ 全社重点実施事項を共有するしくみ

⑥ 重点実施事項を下方展開するしくみ

⑦ 階層別フォローのしくみ

　　対担当者、対中間管理者、対上級管理者、対トップ

⑧ トップ診断のしくみ

第 5 章

方針管理 Q&A

本章の要旨

　いろいろな企業で、方針管理について議論すると、たびたび受講する人たちから出てくる質問があります。

　方針管理をうまく運営しようとする人たちは、案外、共通の悩みを抱えているのかもしれません。また、本書を読んだ皆さんも疑問に感じることがあるかもしれません。

　本章では、そんな悩みごとをいくつか取り上げて、Q&Aの形で解説を加えました。

　企業の方と方針管理について議論すると時々出てくる質問があります。そのなかから、共通すると思われる質問事項を Q&A 方式で、16個取り上げてみました。方針管理を理解し、正しい展開をしてもらうためにも参考になると思います。

　16個の Q&A の概要は以下のとおりです。

- **Q.1：方針管理と機能別管理**
  　方針管理をうまく展開するには機能別管理体制を取り入れないといけないのか。
- **Q.2：方針管理はトップダウン？**
  　方針管理にボトムアップは必要ないのか。
- **Q.3：方針管理と QC サークル活動**
  　方針管理に QC サークルも積極的に参加させるべきではないか。
- **Q.4：固有技術と総合力**
  　個人のもつ個々の技術は、組織のなかでどのように位置づけて考えたらよいのか。
- **Q.5：方針管理と人財育成**
  　組織の全員を望ましいレベルに成長させるのは難しい。何か良いヒントはないのか。
- **Q.6：中間管理職の悩み**
  　方針管理を「全社の立場で実施するように」というが、現実には難しいのではないか。
- **Q.7：技術開発段階の方針管理**
  　技術開発では方針管理など不要ではないのか。
- **Q.8：中長期方針の設定**
  　動向分析などを十分にできない会社はどうすればよいのか。
- **Q.9：方針展開と旗方式**
  　方針展開でよく出てくる「旗方式」が本書で記述されていない理由は何か。

- Q.10：企業文化

  方針展開と企業文化はどのように関係するのか。

- Q.11：方針管理の導入

  方針管理を導入するときのうまい方法を教えてほしい。

- Q.12：品質保証規則の編集

  品質保証規則の編集はかなりの難問に思えるが、どうにかならないのか。

- Q.13：管理項目

  部の管理項目を整理するときの留意事項を教えてほしい。

- Q.14：会議体の役割

  本書で重要視されている会議だが、時代に逆行した見方ではないのか。

- Q.15：方針管理が有効な業種

  本書の記述が製造業中心で、サービス業など取り上げていないのは、製造業以外でうまくいかないからか。

- Q.16：2020 年代の方針管理

  50 年も前の手法である方針管理が今さら通用するのか。

Q.1　方針管理と機能別管理

当社は部門別管理で仕事を行っています。方針管理をうまく展開するには機能別管理を取り入れなければならないのでしょうか。

A.1

機能別管理は、方針管理の前提条件ではありません。本書では、機能別管理をベースとして記述した部分が多かったので、そのように感じたかもしれません。

組織はトータルの「良い結果」を効率的に実現させるために役割を分担した集団です。なので、大切なのは、各組織のアウトプットがスマートに連携していることなのです。「後工程はお客様」の徹底が望まれます。

TQM セミナーでは、「幹部社員が横を見て自部門の仕事を考える」ことの重要性を説いています。各幹部社員は、求められたとおりに頑張っているはずです。しかし、性格などには個人差があり、各組織の置かれた環境も同一ではあり得ないので、それらが積もり積もって組織間の考え方の大きな差になってしまう可能性は十分に考えられます。

個人間でも組織間でも、問題発生時についつい責任論になってしまうことは、社会人なら当たり前の光景かもしれません。これは、自分あるいは自部門中心で仕事を見ることで起こりがちな誤りなのです。

こうした落とし穴を回避すべく生まれたものが機能別管理であり、そのためにこそ、まずは部門抜きで仕事の経過を見ようとするのです。

Check-Act-Plan を一貫性をもって(スマートに)眺め、Do を各部門に割り付ける(依頼する)ことで、全体のなかでの部門の適切な役割を確実

に認識できるようにするのです。もし、各職場を預かる幹部が常にそのような眼で組織を眺め、自部門のあるべき姿を考えることができるなら、機能別管理体制は不要です。

しかし、トヨタグループが、機能別管理を重要視しているのは、「部門を預かる幹部職員が問題・課題を全社レベルで共有するには、"機能別に一貫して見たほうが課題の発見に有効である"と考えているからだ」と思われます。

機能別管理は、「"部門を預かる幹部が、良い情報を得て、その役割を存分に発揮できるのを助けるしくみ"を明確化したものだ」と理解してください。機能別の担当役員は、それぞれの機能に求められる良い結果を生むために、それぞれの活動について、社長の権限を委譲された形でマネジメントすることで、経営管理を補佐するのです。

方針は、それを立案した時点で会社が把握している重要課題の克服を目指しています。そのため、特に部門最適の考え方をいったん無にして、全体最適を目指した展開から、自部門の使命を感じられるように徹底する必要があります。

Q.2 方針管理はトップダウン？

「方針管理はトップダウンでなければならない」と聞きました。これはこれで、なんとなくわかります。
しかし、ボトムアップは必要ないのでしょうか。

A.2

この質問は、方針設定の段階についての疑問だと思われます。

方針管理は、関係者全員に対して、上位者が主体となって旗を振りますので、その展開と上位者によるフォローを行うのに、トップダウンが重要になるのは当然です。

さて、方針の設定で重要なのは「先を読む」と「足下を診る」ことです。このとき、「先を読む」段階ではトップに夢があり、多少の動向分析さえできていれば、戦略を決められる一方で、「足下を診る」ためには、組織の抱える問題を正確に把握する必要があります。

現在の症状を最も敏感に正しく感じられるのは実務者なので、彼らの情報を無視することは好ましくありません。正しい情報を正しく解析して、納得性のある方策を立案すべきです。

トヨタ生産方式では、以下の3つの過ちを説いています。

① データも見ない。

② データを見ても読まない。

③ データしか見ない。

このなかでも「3つ目の過ちが最も危険である」と警告しています。つまり、正しい解析(事実の確認)が重要なのです。

それほど大きくない企業でしたら、管理者が担当者一人ひとりの生の声を、背景事情を含めて聞くことはできるかもしれませんが、規模が大

きくなるにつれて、背景どころか、一つひとつの声を把握するのも困難になってきます。この場合は、生の声を「真の問題・課題を見つけるためのモトネタ（原始情報）」として中間管理者が解析し、データとつき合わせて真の課題を見つけ出す必要があります。その課題達成策こそ取り組むべき重点実施事項となります。

　われわれは、これをボトムアップではなくてミドルアップと呼んでいます。正しい方策を練るには、「ミドルアップ・トップダウン」が望ましいのです。

Q.3 方針管理と QC サークル活動

全社の総力を挙げて目標に挑戦するのなら、QC サークルも積極的に参加させるべきと思いますが、どうでしょうか。

A.3

結論から言えば、参加させるべきではありません。

確かに以前は、QC サークル活動のテーマ設定チェックリストに、「会社方針に則っているか」が掲載されているケースがありました。

QC サークル活動の発展期には、対象が技術部門や事務・販売・サービス部門にまで拡大しました。そのとき、「とにかく重要で効果が大きいテーマを取り上げなければ」と職制が主体となった活動が目立ち始めました。

QC サークル活動のテーマ設定チェックリストに、「会社方針に則っているか」が掲載されるようになったのは、その頃からだと思われます。しかし、こうした活動は自主的な活動とはいえず、業務小集団の活動(業務として与えられた、目標達成のための活動)になってしまいます。

本来の QC サークル活動のねらいは、以下のようなものでした。

- 同じ職場の仲間が集まって、自分たちに身近な問題に、知恵を絞り改善を試みる活動を行うこと
- QC 活動を通じて創意くふうを楽しみ、仲間とともに考えること
- 良いアイデアを出す体験を通じて楽しい職場を実現すること(参加している楽しみを体験すること)

自分たちの仕事を楽しく感じた集団は、仕事の内容を前向きに捉えるため、ミスが圧倒的に少ないことは多くの例で実証されています。

　中部品質管理協会の QC サークル体験事例発表会の優秀賞に、西堀記念賞が設けられています。ここでの活動評価リストでは「全員参加」「アイデアの独創性」に大きな配点がされています。取り上げたテーマの効果よりもイキイキ集団への成長が大切なのです。

　会社方針は、目標達成のために難問の壁を取り除く(改善)活動を目指しています。この活動にはトップ主導の活動が必要です。サークルの本来の目的を阻害してはいけません。

　QC サークルが成長すると自ら「もっと高い目標に挑戦したい」と感じるようになります。方針の目標達成のためには重点方策の完遂が必要ですが、その前提はその他の活動が維持されていることです。

　以上から、QC サークルについては、強制することなく、日常管理活動のなかで自主的な改善を期待したほうが、その本来の目的を果たせると思われます。

Q.4 固有技術と総合力

TQMや方針管理の話を聞いていると、「個人の力では限度がある。やはり、総合力に勝るものはない」と言われているように思えます。

個人のもつ個々の技術は、組織のなかでどのように位置づけて考えたらよいのでしょうか。

A.4

第1次オイルショック(1973年)の後、米国と日本の仕事の進め方を比較し、「米国は個人の力優先で、日本は総合力を重視して良い結果を出してきた。結果的には後者が優勢勝ちした」というような話がまことしやかに語られてきました。こういう話を念頭に置くと、個人の力優先が「悪」で、総合力の重視が「善」のように聞こえるかもしれません。

しかし、ふつうに考えて、社内にカリスマ(卓越した能力を有した人)が存在していたら、その人にうまく頼ったほうが、より早急かつより良い結果を生むことができるはずです。カリスマといかずとも、製品設計や生産技術など各セクションで、高い技術力をもつ人がいれば、より良い結果を期待することはできるでしょう。

ところが、こうした「カリスマ」は会社の財産とはいえないのです。「カリスマ」が競合にヘッドハンティングされると、その技術は競合に移ることになってしまいます。こうした技術力は固有技術ではなく「単に個人がもつ技術」、つまり、個人有技術です。

組織がやるべきことは、こうしたカリスマと同じ行動を、他の人間が同じようにできるようにすること(標準化)です。標準化して初めて、会社にとっての「固有技術」といえるのです。

　特に技術標準は守るためではなく、破るために設定されています。技術標準は、「これ以上のやり方がわからない人は、この標準を守ってください。より上質のアイデアをもつ人はこれ以上の内容にチャレンジしてください」という意味があるのです。つまり、製造現場などの作業標準は「守るため」のものですが、技術標準は「これ以下の行動はだめですよ」という最低限を教えているのです。例えば、設計標準を守るべきものにしてしまうと、技術の伸長や新技術の採用ができなくなってしまうことからも明らかです。

　新しいアイデアが成果を上げたら、標準を変更していくことで全体のレベルが上がっていく。これが「固有技術」の考え方なのです。

　このように考えてみると、総合力で成功するための前提条件には、やはり個々の実力の向上が望まれているのです。つまり、「固有技術と総合力のどちらが有効か」を比較することに意味はありません。

　個人の力を、組織にとって有効な力(固有技術)へと育むことで、総合的に大きな成果に結びつけるのが、組織にとっての総合力です。すべては「組織がどのような風土としくみをもつか」にかかっています。

Q.5 方針管理と人財育成

　職場力が方針管理をうまく進めるための鍵であることは理解できました。しかし、組織の全員を望ましいレベルに成長させることは難しいと思います。
　人財育成の考え方に、何か良いヒントはありませんか。

A.5

　理解しやすくするために、QC 関連の教育に絞り、以下解説してみましょう。

　職場内教育を考える際に重要なことは、教育の目的が「個人の知識・スキルを向上させることを重視するのか、職場として必要な知識・スキルを蓄えることを重視するのか」を明確にすることです。

　多くの会社で見受けられるのは、講習会などを企画する際に参加希望者を募るやり方です。これは、関心のある人を対象とするため、「個人の知識・スキルを向上させることを重視する」教育だといえます。この方法でも多くの人が希望すれば知識を身につけた人が増えるので、長い目で見ればそれなりに職場のレベルも上がってくるでしょう。

　しかし、例えば、QC 手法を考えてみると、すべての手法に長けた人を育てることは容易なことではありません。

　　「品質工学は得意だけれど多変量解析は苦手だ」

　　「N7 は得意だけれど信頼性工学は……」

など、個人の得手・不得手がかなりばらばらになりがちです。

　職場の立場からの教育を考えた場合には、個人単位ではなく、職場全体として必要な知識・スキルを明確にし、チーム内に各分野（手法など）のエキスパートを確保するようにします。そうすれば、近くに相談でき

る人がいるので、あたかもすべての手法を一人で身につけているような状態が期待できます。

　基礎として取得すべき知識レベルは全員対象の教育（ベーシックコース）を計画し、専門的な分野は指名した人に学ばせることで、職場として必要な有識者を確保するようにします。一芸に秀でた人財を確保することで、OJTにより他の仲間の相談相手を務めさせるのです。「教育と職場管理（業務運営）とを同時に行うことで職場スキルを保っていこう」という考え方です。方針展開で、重要な実施事項に挑戦していけば、このようなOJT機会が数多く生じるため、仕事を通じて部下が成長する可能性がより高くなります。

■職場の立場を第一に人財を育成する

　ある企業では、それぞれの部門の業務遂行に必要となる知識を明確にして、職能ごとに要求レベルを示しています（職務知識・関連知識）。

　職場としては、構成人員・職務範囲などによって手法ごとにAランクの必要人員を定めて、不足する場合には補充のために特定の人に当該手法を習得する機会を用意する環境づくりをしています。

　職場ローテーションをする場合も、保有する知識を発揮できる職場に移動を命じ、仕事の範囲を拡大する機会にできるよう心がけています（ローテーションルールの標準化）。

　これは、個人的なスキルアップに関心のある人ではなく、職場にとって必要な人を育てることを第一に人財育成を考えた例です。

Q.6 中間管理職の悩み

　方針管理を学ぶと、全社で課題を共有することの重要性を強く感じます。特に機能別管理の考え方は共感を覚えるのですが、当社では上級幹部職員が変わると、言うことがらりと変わってしまうことがよくあります。中間管理職の立場では意に添わなくても合わせるしかありません。

　「全社の立場で実施するように」と言われても、現実には難しいこともあります。どうしたらよいでしょうか。

A.6

　筆者が若手社員の頃、上との関係については以下のような内容を教え込まれました。

- ねらいに共感できないことには絶対に妥協するな！
  上位者とわかりあえるまで互いに意見をキャッチボールせよ！
- 方法論についてはある程度議論して合意できない場合はいったん上司の指示に従って全力を尽くせ！

　上位の人とねらいが異なる場合、やる気がなくなるどころか、組織を恨む危険さえ存在します。自己の業務が全体に貢献できたことを感じることが職場活性化の原動力ですから、このような事態は避けなければなりません。

　日本企業の場合、一つの会社で長く苦労してきた上司が多いため、ねらいにズレが生じるケースは、事実の見誤り以外だと少ないと思われます。そのため、多く見られるケースは方法論における意見の違いではないでしょうか。

　方法論の場合には「やってみないとわからない」こともあるので、ね

らいが合意できてさえいれば、まずは上司の指示に全力で挑戦するのが組織人としての正しい態度です。「意に沿わない指示なので失敗に結びつけてやろう」と足を引っ張る行いは、どのような組織にいようが、厳に慎しむべき態度です。全力を尽くした結果に十分な反省・解析を加えていく姿勢が大切です。

中間管理職には年に数個の業務改善事例が求められています。仮に中間管理職が100名いる会社で一人が4事例を作成したとすれば、年間に400もの業務改善事例ができることになります。

これを繰り返していけば、たゆみない業務改善がなされることになります(つまり、会社が大きく動きます)。上司もこれを実感できたら、そうそうずれた指示を出さなくなるでしょう。

「会社の制度が悪いから」「上司の理解が悪いから」は自分が努力していない言い訳にすぎません。「会社を動かしているのは中間管理職の我々なのだ」という気概を持ち続けてください。

Q.7 技術開発段階の方針管理

技術開発では多くの場合、新技術の発見・創造をしています。あまり「納期！ コスト！」と攻め立てられるとかえって貧弱な技術開発になってしまう心配があります。

方針で「いつまでにどのようなレベルの……」と言われても守れる確信はありません。むしろ制約を設けずに自由に活動したほうがよいような気がしますが、どうでしょうか。

A.7

西堀榮三郎先生（p.105 脚注参照）は、「研究は論理を明確にすること、技術は良い結果（再現性）を求めること」と説いています。

一部を除いて、企業の技術開発では実用化が目的であり、実用化を目指さない研究は主に大学や研究機関が担当していると思います。企業での技術開発は実用化が目的ですから、「うまい開発ができる仕事のしくみ」を考えることは大切なことなのです。

筆者が知る例では、以下の(1)(2)などを重点実施事項に設定して展開されたケースがあります。

（1） 技術開発のテーマを決めるプロセスを検討した例

この事例では、自社の扱っている製品の品質特性に対する技術マップの整備を行いました。「すべての特性で業界トップを確保しておけば製品品質は無理なく実現できる」という考えからです。

このとき、開発テーマエントリー用紙を工夫しました。例えば、当該技術を製品に採用した場合のメリット予測を記入すること（ミニ品質表）を義務づけています。

　また、新規製品の創出に対する要開発技術を明示し、自社の得意技術を生かす製品開発のしくみを明確にしました。この会社では、技術開発部門と営業企画部門が協業して新規製品の案出を行うしくみができました。

　ダントツにコスト削減ができる技術テーマの着眼点(材料・構造・生産設備・工法など)も工夫していきました。

(2)　技術開発業務の質を上げる方策を検討した例

　この例では、まず開発体制を工夫し、外部との連携などを模索しました。また、「市場使用条件との整合性を向上させること」「評価時間を短縮すること」を目指し、シミュレーションなど評価技術の蓄積を目指しました。

　この基盤となる人財の育成については、教育カリキュラムやOJTのしくみに手を加え、QC手法の習得や解析技術の向上(要素技術の習得・3D解析など)を推奨しました。

　これらの進捗を管理するためのしくみ(PDPC、DRなど)も検討しました。

　今や、製品開発の重点が技術開発ステップに移っています。このステップの強化を避けて通ることはできません。技術開発段階におけるより良いしくみの構築と運営が、個々の仕事のレベルを左右するのです。

　なお、最近、日本品質管理学会と品質工学会の共同研究で「商品開発プロセス研究会」が活動しており、技術開発段階での方針管理の有効性が議論されています。

Q.8 中長期方針の設定

中長期方針の設定には、将来の動向分析などが必要になると思います。しかし、残念ながら、当社では将来動向を適切に分析する以前に情報の整備ができておらず、どうしても昨年度の反省をベースとした悪さ・弱さの解消が活動の重点となってしまい、動向の変化を十分とらえている自信がありません。

将来の動向を先取りするための課題を整理できるような、良い方法があったら教えてください。

A.8

有効なアプローチを紹介します。これは、質問のような「将来の動向を読むための情報がそもそも整理できていない企業」が実施していたものです。

現状がどうであろうとも「転ばぬ先の杖」は大切です。「情報がないから」「分析できないから」とかの言い訳は不要です。不完全でも先を見て課題を感じるべきです。あいまいな先読みであっても、例えば1年後にもう一度方向がずれていないかを確かめて、必要があれば軌道修正をしていくなどすればそうそうずれません。

所詮、中長期方針は情報があふれる世界から（おぼろげながら）変化を読み取ったものを課題に置き換えて活動の方向を定めるにすぎません。不十分でも中長期方針を定めたなら、具体的な活動計画を、初年度を対象に年度方針として計画します。

このとき、ポイントになるのは以下の点です。

① トップの夢を整理し、夢と現状のギャップを課題として整理し

ます。

② 　5年後程度をイメージして、将来動向のアイデアを関係者の間でブレーンストーミングで出し合います。「国際情勢で予想される変化」「国内情勢で予想される変化」「業界の動向（競合の動きも含めて）」「社内における当事業部の位置づけ（事業部が複数ある場合）」ごとに、**図5.1**の「こんな変化がありそう」欄に記入します。

　ブレーンストーミングなのでどのような意見も歓迎です。「……かもしれない」をワイワイ出し合います。出し尽くしたら、「もしもそれが真実ならば当社に対してどのような影響を及ぼすだろうか」（メリット、デメリット）を議論します。

　メリットは生かし、デメリットには対応策を構築するという視点で、「当社の課題」を出し合います。こうすれば、**図5.1**のような予測シートが3枚ないし4枚作成できるはずです。

③ 　社内各部の幹部職員に、昨年の自部門の活動を反省して、「他部門に対する要望事項」を提出してもらいます。

（動向予測シート）

こんな変化がありそう	当社への影響		当社の課題
	メリット	デメリット	

図5.1　動向予測シート（国際情勢・国内情勢・業界動向・社内事情ごとに作成）

④　②③の課題を親和図法的に整理して一覧表にします。情報源は
　　異なっても共通の課題が見えてきます。

⑤　①のトップの夢課題と関連する課題にマークをつけます。この
　　結果にもとづいて課題にウェイトを付与します(夢実現と普遍的
　　分野での重要課題を抽出します)。

⑥　課題に対する活動の方向づけをします。

Q.9 方針管理と旗方式

方針管理の話を伺うと、「旗方式」展開がよく出てきます。納得性が高いと思うのですが、本書には一言も記述されていません。何か意図があるのでしょうか。

A.9

「旗方式」は1970年頃に小松製作所が紹介したやり方です。これは、方針展開で、パレート図と特性要因図を用いてパレート展開的に目標を部門へ、さらに下方に展開することによって全員参加の活動を見える形にした方式です。

その後、1975年頃に松下電子部品（当時）が展開した「ゼルコバ作戦」は「旗」を「管理板」に置き換えて展開したものと考えられます（旗方式、ゼルコバ作戦の詳細は他の文献で確認してください）。

これらの方式は、「自分たちの挑戦する目標が上位とどのようにつながっているか」が見えるので説得力・納得感が得られやすく、筆者もとても良いやり方だと思います。

しかし、どのように良いやり方でも、形だけをならって展開すると思わぬ落とし穴にはまることがあります。一見、簡単なようでも、十分に意味を理解していなければ、矛盾のある展開になりかねません。

以下、そのような落とし穴の例をいくつか挙げてみます。

（1）　上位と下方の目標項目が同じ特性で展開されている場合

■ダメな例

全社目標「生産性30％向上」に対して、部長目標は「自部門の

生産性30％向上」とし、チームリーダーは目標を「自チームの生
産性30％向上」と設定しました。

　これは、一見正しいように見えます。しかし、これでは何が重点とな
る活動なのかが見えません。トップが「すべての部門で生産性を30％
上げろ！」といえば、中間管理者はいなくても済むことになってしまい
ます。
　十分な解析を行ったうえで、着眼点を絞って活動しないと、連鎖は見
えやすいのですが、成果は期待できません。この手の展開は「伝言ゲー
ム」と呼ばれており、こうなってしまうと大変です。

(2)　パレート図的に展開する場合

■ダメな例
- 上位目標をパレート展開してパレート図の80％を改善対象と
して選ぶ。
- 下位の部門はそれをさらにパレート展開して上位80％を重点
として取り上げる。
- 担当者は自分の関係する内容の80％を重点に取り上げる

　これは解析の仕方(パレート分析のやり方)に問題があり、下位目標の
上位目標に対する寄与度が低下してしまう例です。
　この例では、それぞれが目標達成しても全体の寄与度は、$(0.8 \times 0.8 \times 0.8)$で合計50％しか効果が得られません。
　このような事態を避けようとして実施事項を増やしてしまえば、担当
者の負担は増すばかりです。

（3）　特性要因図にならって解析する場合

　この場合は、上位と下位の目標項目の特性が変化していきます。特性が変わると上位目標に対する寄与度を数量的に整合することが困難になります。

　一見連鎖しているように見えたとしても、納得できる状態で伝達（下方展開）していかねばなりません。

　以上、代表的な落とし穴を取り上げてみました。

　こうした過ちは方針の展開を形だけのものにしかねません。十分な解析にもとづいて正しい展開ができて初めて「旗方式」のうまみが発揮されると思います。一見簡単そうですが、注意を要する箇所がいくつもあります。旗方式を採用する場合はその意味を十分に理解したうえで活用してください。

Q.10　企業文化

**本書では、「企業文化」という言葉がときどき出てきます。
方針管理と企業文化はどのように関係するのですか。**

A.10

　方針管理に限ったことではありませんが、組織の仕事の進め方にはそれぞれの企業に特徴があります。例えば、品質管理の推進も基本は同じですが、やり方には企業ごとの特徴があります。会社ごとの理念、あるいは構成する個々人同士が織りなす文化の違いなのでしょう。

　トヨタ自動車では「お客様重視」「挑戦」「改善」「現地現物」「尊重」「チームワーク」がマネジメントの合言葉とされています。問題・課題に対処する場合にもこの理念のもとに考え方を共有して「らしさ」が発揮されるのです。

　故郷の小学校や中学校、あるいは高校でも大学でもよいですが、趣味や馬が合った友人を思い浮かべてください。そんな友人でも卒業して何年も経ち、別々の組織（学校でも企業でも）に所属すれば、「言葉の使い方どころか、かつては合っていた趣味や馬が合わなくなっていた」という経験をしたことはないでしょうか。

　企業が違えば、同じ課題への挑戦でも、取り組み方がまったく異なることはあり得ます。特に方針展開では全社の重要事項を全員が協力して立ち向かいますので、進めるにあたって理念のもとに一致団結した取組みが必要になります。

　方針管理の共通したやり方は、本書のようにある程度示すことはできますが、その実践には実践者の置かれた状況はもちろんのこと、「企業文化」に応じたアプローチが必要になるのです。

Q.11 方針管理の導入

　方針管理の重要性はよくわかりました。当社でも導入しようと思うのですが、「全社一丸」など、言葉の意味は理解できても、簡単に実践できそうもありません。
　無理なく導入するうまい方法があれば教えてください。

A.11

　根本正夫氏（p.55 の脚注を参照）は、著書『トップ・部課長のためのTQC 成功の秘訣 30 カ条』（日科技連出版社、1992 年）で、経営者から見た方針管理に必要なステップを以下のように説いています。

- 導入初年度は製造部門の課長の「品質不良半減」の活動事例を聞きなさい。
- 2 年度は「品質不良半減」を年度方針として全社に展開し、年度方針の診断会を 2 回は実施しなさい。
- 3 年度は年度方針のテーマ対象を広げなさい。
- 4 年度は中長期方針との整合を図りなさい。
- 5 年度は外部（品質管理専門家）の診断を受けてみなさい。

　つまりは、「取り組みやすいところから一つずつ体験していって、徐々にものにしていけ」という教えです。諦めたり、焦ったり、急ぎすぎたりする必要はないのです。

　上記の考え方を、幼稚園児レベルから高校生レベルになぞらえて、発展段階を整理した事例があります（図 5.2）。

　ある企業の事務局が図 5.2 のような分類をしたのは、社内での活動拡大のためです。「全部門の管理職に体験学習させたい」との思いがあり、全部門の管理職に働きかけて、まずは幼稚園レベルを徹底したのです。

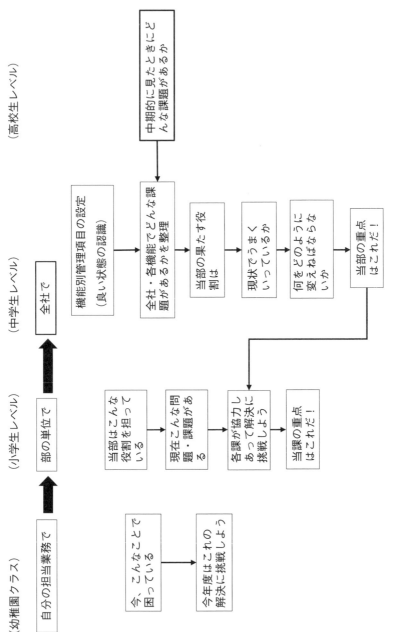

図 5.2 方針管理の導入

■方針管理の導入例

　図5.2の事例企業が中学生レベルにチャレンジしたときには、全社の役員と数名の部長が毎月1日、休日を返上して機能別の管理項目設定をしたのです。半年くらいで納得のいく管理項目リストができあがりました。

　いったん完成させてみると、できあがった内容そのものよりも、「検討段階のコミュニケーション（ワイワイガヤガヤ）」が経営陣の意思統一に大きくプラスに働き、以降の方針展開が無理なくできるようになったのでした。

　以降、この企業では、「管理のサイクルをより一層円滑にしていこう」という意志をもち、「方針管理のレベルには限りがない」との考え方から方針管理のしくみを見直し続けています。図5.2が高校生レベルで止まっているのは、「方針管理のレベルには限りがない」という意図が感じられ、とても面白いと思います。

Q.12　品質保証規則の編集

　機能別管理のなかに品質保証規則の記述がありました。この規則の編集はかなり難問のように感じますが、どうにかならないでしょうか。

A.12

　品質保証規則を整理しておくと部門の役割も明確になり、仕事の質を上げることに大いに役立ちます。とはいえ、この規則を作成することには相当の労力を伴うことは確かです。

　筆者がいくつかの企業で提案したやり方を説明します。

　①　まずは、品質担当の役員が中心となり、検討委員会を結成しました。メンバーは主要部門の長の方々です。

　②　事務局（品質保証部）が保証事項・保証業務の原案を作成します。これを「たたかれ台」と呼んでいました。議論が散漫にならないように準備したものだからです。

　③　委員会では原案の一行ずつについて意見を出し合います。部屋には、「部門代表の発言はいりません」「できる・できないの議論は不要です」と書かれたポスターを貼りました。

　　委員会は定期的に開催されて（1回2時間程度）、ワイワイガヤガヤが続きました（6カ月近くかかりました）。

　④　会を重ねるに従って各委員の発言のレベルが、だいたい同じような高いレベルになっていきました。初めの頃はどうしても部門を代表するような意見や「そんなことはムリだ」といったマイナスの意見が目立ったのですが、委員全員が慣れてくると、会社全体としてプラスになる意見をどんどんと出せるようになってきた

のです。

⑤ 完成した規則を登録します。登録すること以上に参加した各委員のものの考え方がそろってきたことに大きな意義がありました。

⑥ 以降、品質保証上の無視できない出来事(新製品開発・重要クレーム・法規変更など)が発生する都度、事態への対応とともにこの規則の変更要否を検討し、必要に応じて改定を繰り返していきます。

⑦ 保証事項をアウトプット・インプットの関連をつけて図にすると、「品質保証体系図」ができあがります。

⑧ 保証事項を活動時期でつなげていくと、漏れのない新製品開発日程計画を作成することができます。

Q.13　管理項目

部の管理項目を整理したいのですが、何か留意することは ありますか

A.13

　機能の管理項目(全社の管理項目)は、会社全体の良い結果を考えるので設定しやすい面はあります。しかし、部単位となると全社機能の一部を分担しているため、より多くの苦労があるかもしれません。

　設計や製造などの部門だと、アウトプットに要求されることがわかりやすいので、全社の場合と同様のやり方で考えられます。しかし、管理・間接部門だと、直接製品にかかわらず間接的に支援したり調整したりする仕事が多いので、アウトプットがわかりにくい場合があります。

　どのような部門の仕事でも、仕事である以上は必ずアウトプット(結果)があるはずです。まず、「自分たち(部門)のお客様(アウトプットで影響を受ける部門・人)は誰か」「お客様はどのようなアウトプットに対して、"ありがとう"と 言ってくれるのか」を書き出してください。これらが自部門にとっての良い結果になるので、これを測るものさしを考えればよいのです。

　例えば、「情報を伝達する」という部門業務分掌があるなら、お客様は「正しい情報が欲しい」「情報を早く欲しい」と望むでしょう。すると、管理項目は「理解されなかった情報回数率」「情報提供遅れ日数」などと考えることができます。

　ものさしを考える場合、筆者の経験では、いきなりものさしそのものに思い悩むよりも、関連する内容を言葉で表現するというワンクッションを置いてから置き換えてみると無理なく設定できます。

Q.14 会議体の役割

本書では、方針管理の推進に会議体の位置づけが重視され ているように感じます。しかし、最近は会議を嫌う風潮もあ るように思うのです。本書の記述が時代に逆行していると いうことはないのでしょうか。

A.14

本書では会議の重要性を解説してきたので、読者のなかにはこの質問 と同じような印象をもった方もいるかもしれません。

第4章以前でも触れたとおり、方針の展開には全社の納得と合意が必 須です。情報だけなら、個々の事実の認識をそれぞれ文書化してメール でも送れば、形式上だけならわかる状態になるでしょう。

しかし、現実問題として、全社に「○○に決まりました。だから、× ×してください」とメールだけで伝えたらどうなるでしょうか。

「メールだけでそんな面倒なことができるか」

「私がやらなければいけないことだったのか」

「やらなければならないなんて理解できなかった」

このように納得できないとか、我関せずという態度をとる人が多く出 てくるのは、容易に想像がつくことではないでしょうか。

会社の重点課題に挑戦しようとしているのです。関係部門が同じ認識 で行動してこそ、成果が期待できるのです。なのに、同じ組織にいなが ら行き違いをするのは全力で避けなければなりません。

本書で会議体を重視したのは、組織人として力を発揮できるようにし たいという思いからです。とはいえ、あくまで会議体は手段なので、会 議をしなくても、全社・全部門の認識を合致させることができるのなら

ば不要です。

　会議体の頻度や時間の目安ですが、**図1.5** で取り上げた会議では、以下の頻度や時間で実施されていました。

- 機能会議：年間4回(2時間以内)
- 機能別業務会議：毎月(1時間)
- トップ診断：1テーマ2時間程度

どうでしょうか。会議という名称こそ多く出てきますが、時間全体で考えても、それほどかかってはいないのではないでしょうか。

　年間たったの10時間足らずで、余計な行き違いを回避し、順調な進捗や方向の妥当性を確認して、必要な軌道修正・苦戦内容の除去をはかりながら、目標の達成に向かうことができるのです。

　繰り返しますが、会議が目的ではありませんし、絶対に必要だというものでもありません。ただ、雑談のなかにも意外な気づきがあったりしますので情報の共有、認識の共有の手段として対面の意見交換を重視しているととらえてください

Q.15 方針管理が有効な業種

本書の記述や事例は製造業が中心となっています。サービス業などを特に取り上げていないのは、うまくいかないからなのでしょうか。

A.15

この質問については、読者の皆さんに謝らないといけません。本書では、具体例をかみ砕く際、どうしても製造業の例が多くなってしまいました。

筆者は「方針管理は日常管理とのマネジメント方法の違いに意味がある」と考えています。つまり、「任せないマネジメント」(ヤオヨロズの知恵を結集する)が、方針管理なのです。

個人の実力で仕事をする業態(芸術的なセンスが問われたり、属人的すぎる一部のソフトウェア設計など)には、方針管理は適していないかもしれません。また、組織運営をしなくても仕事が回る小規模の企業では、トップの一声で全社合意が可能ですし、幹部社員が一人で何役も兼任するので、方針管理は必要ないかもしれません。

しかし、大きな組織で仕事を分担する企業体には、業種に関係なく、方針管理は有効なマネジメント手法といえます。例えば、昨今、医療の関係(病院など)でTQMを導入したところが増えていますが、方針管理はその柱になっています。

青果卸企業やゴルフ場企業に対する指導経験から、筆者はどのような仕事にも「アウトプット」と「そのアウトプットに影響を受ける人・部門」は存在し、「お客様の満足・感動を提供し続けることで、企業は安定した存在になれる」と確信しています(これはTQMの基本です)。

本書で何度も述べたとおり、「難問を全社の知恵で乗り切る」ための
マネジメント手法が方針管理であり、できあがったしくみを維持して安
定を保つためのマネジメント手法が日常管理です。これらは業種に関係
なく必要な手法なのです。

■青果卸業に対する指導例

青果卸業ではセリ人や荷受けの担当者に過去のしがらみを重視す
る人が多く、古い仕事のやり方を続けていました。

しかし、とある青果卸業のトップは「これからの卸会社は姿勢を
改めるべきだ」との強い意志をもって、粘り強く改革を進めていき
ました。

徐々に、「後工程はお客様」はもちろん、「前工程もお客様」（産地
も青果店もお客様）の思想が浸透し、両方からの「ありがとう」を
実現させる仕事の仕方を考える姿勢が出てきました。

産地は「高く売りたい」と思い、青果店は（卸店から）「安く買い
たい」と思うのは当然で、期待事項が背反するように見えます。し
かし、当該企業では改革の結果、産地から「あそこに出荷すれば残
荷なく捌（さば）いてくれる」、青果店から「消費者の好みに合った商品を
提案してくれる」といった評価が目立つようになってきました。そ
して、売上伸び率で西日本1位を獲得する成果を生みました。

社長が筆者に話したところでは、産地を訪問すると「あなたの会
社の社員の説明はスジが通っていて納得できる」「"うちの野菜はぜ
ひあそこの会社で売ってもらいたい"というお百姓さんが増えてい
る」との声が聞かれるようになり、従業員の意識改革の手応えを感
じられたのがとても嬉しかったそうです。

これ以降も、この会社では、中期方針・年度方針の展開を続けて
います。

Q.16 2020年代の方針管理

ここ数年、企業を取り巻く環境だけでも大きな変化が次々と起きています。しかし、本書は1970年頃の方針管理の考え方が中心の解説書です。

50年も前の考え方が今さら通用するのか疑問です。

A.16

確かに、ここ半世紀ほどで大きく変わったことも多いでしょう。個人や組織が取り扱う情報量は爆発的に増加しましたし、仕事やプライベートで取り扱う情報の陳腐化のスピードもますます早まるばかりです。爆発的に売れる商品はますます少なくなる一方、その陳腐化のスピードも高まり、アイデア出しの環境も激変しています。

しかし、基本的なビジネスのルールは変わっていません。

国家が時に規制を設けて介入することもありますが、企業は商品を開発し、生産し、販売しています。市場を通じて、商品開発力・生産力・販売力を企業同士で競い合う姿は、半世紀前と現代とで何も違いはありません。

方針管理の最大のねらいは、「組織力を基盤に業務を展開する会社が、より良い仕事をするために、仕事のしくみを構築すること」にあります。個々の仕事のしくみを動かすのは、組織そのものではなく、組織に所属する一人ひとりです。このとき、「好きな仕事だけ手を挙げる人」よりも、「担当する仕事を好きになろうとする人」が求められています。だからこそ、達成感が味わえる仕事の与え方や多くの人(部門)の協力が不可欠なのです。

仕事のしくみを構築し、運営する基本は情報の管理にあります。爆発

的な情報が得られる昨今では仕事がやりやすくなっている反面、単に情報量に振り回されているケースが増えているように感じます。政治的・経済的に人を惑わす情報や、根拠のない情報があまりにも増えたからです。

　この時代、情報のなかから真実を摑む活動がますます求められています。例えば、TQMのように、長い年月を経て、諸先輩方の努力の結果、事実をベースとした仕事のやり方が構築されました。TQMに触れたことがあれば、時代が変わろうとも基本は変わらないことはわかります。なぜなら、基本行動の成熟が変化への対応力を身につけさせるからです。

　しかし、そんなTQMもマンネリ化は避けられなかったのでしょうか。大企業でも「後工程はお客様」の精神が崩れ、信じられない不正が定期的に話題になります。このようなTQMの綻びが起きている今だからこそ、もう一度基本に立ち戻ることが必要だと感じます。

　ますます早急なアウトプットが求められている現代、関係者の認識を合わせて良い結果に向かう姿勢が強く求められるのです。回り道をしない行動のなかにこそ、余裕が生まれてきます。

　良き経営戦略を立てるのは良きトップですが、良い戦略を立てるための良い情報を整理するのは良いしくみです。戦略を戦術に置き換えるには事実の認識を確実にすることが有効です。アイデアの閃きは、超能力者でない限り、一人よりも複数集うほうがより多くなるに違いありません。

　方針管理は、「事実を摑む」「重点を絞る」「衆知を結集する」をキーワードとした全社展開活動なので、業種・時代に関係なく有効な考え方・手段です。企業体質に合った展開の工夫を加えて成果に結びつけてください。

あ と が き

　筆者は 1985 年にトヨタ車体㈱から㈳中部品質管理協会に転籍しました。ちょうどその頃に、田口伸氏が役員をされている ASI（米国デトロイトの教育団体）から依頼を受けて、デトロイトで QFD セミナーを行いました。セミナーを終えると、お世話になった大企業の TQM 担当役員が筆者に話しかけてきて、面白いことを言ってくれました。

　　「先ごろ M 博士の講演を聞いたときにその内容に感動した。先生の書物をしっかりと読んで勉強し、実行に移すことが大切だと感じた。ところが、今日の君の講義は書物に載っていないことがいくつかあった。書物を読んだだけでは摑めないことがいろいろとありそうなので君には続けて来てほしい」

　筆者は別に諸先生の教えに反することを言ったわけではありません。実務経験者がいつも悩む点は、「教科書どおりやろうとしてもいろいろな壁が立ちはだかる。その壁を乗り越えるにはケースバイケースの工夫が必要になる」ということだったので、そのあたりのエピソードを入れ込んで話しただけだったのです。

　このセミナーがきっかけとなって、その大企業とは、10 年間で都合 40 週ほどお付き合いをすることになりました。彼らは方針管理、QFD、製造工程管理などをテーマに何冊もの社内テキストを制作しました。それらは筆者が読んでも、実務展開への多くのヒントを含んだ内容となっています。

　筆者のような企業出身のコンサルタントは、手法の実務展開上の着眼点やヒントを受講者に伝えることで、彼らが成果を生み出す行動をできるように促すことが使命だと感じています。筆者は常に良き伝道者でありたいと考えています。そんな思いを強くするとき、いつも思い出され

るのは、上記した企業トップの言葉です。

　本書は、方針管理を学ぶことよりも「方針管理を経営管理にとって意義のある行動にしてもらう」ことを念頭に置いて執筆しました。もちろん、企業の規模・文化によっていろいろな展開があるでしょうから、本書に書かれた内容をまねてもうまくいかないことがあるかもしれません。しかし、その場合でも実行上の目のつけどころとして参考にできるようにしたつもりです。

　読者の皆様の実務に本書が役立てば、筆者にとって望外の喜びです。

参 考 文 献

[1] 朝香鐵一・石川馨(編)(1974):『品質保証ガイドブック』、日科技連出版社
[2] 鐵健司(編)(1988):『機能別管理活用の実際』、日本規格協会
[3] 赤尾洋二(編)(1988):『方針管理活用の実際』、日本規格協会
[4] 根本正夫(1992):『トップ・部課長のための TQC 成功の秘訣 30 カ条』、日科
     技連出版社
[5] 日本品質管理学会(2016):「JSQC-Std 33-001　方針管理の指針」、日本品質管
     理学会
[6] 杉本辰夫(1998):『私の経営実学』、日科技連出版社
[7] 西堀榮三郎(1995):「西堀かるた」、モチベーション研究会

索　引

●著者紹介

福原　證（ふくはら　あかし）

　技術士（経営工学部門）。有限会社アイテムツーワン TQM シニアコンサルタント、株式会社アイデア取締役（非常勤）、一般社団法人中部品質管理協会顧問。

【経歴】

1942 年　富山県南砺市生まれ

1965 年　名古屋工業大学計測工学科卒業。トヨタ車体株式会社に入社。

　　品質保証部（品質機能総括）、経営企画室（全社 TQM 推進）に従事。同社のデミング賞実施賞（1970）、日本品質管理賞（1980）の受賞に品質機能総括として貢献。オールトヨタ SQC 研究会、日科技連 PL 研究会（グループ幹事）、日本品質管理学会（中部支部設立幹事）

1985 年　一般社団法人中部品質管理協会に転籍（トヨタグループトップの要請による）。事務局長、指導相談室長として地域企業の TQM 推進を支援

1996 年　有限会社アイテムツーワンを設立。国内・海外（米国・欧州・東南アジア）の団体・企業で TQM 推進・方針管理・新製品管理（QFD）・品質保証システム・工程管理（イキイキ職場づくり）・問題解決などを指導・アドバイス。同社会長を経て現職

【表彰】

　第 12 回 SQC 賞（1984 年、『品質管理』誌）

　Akao Prize（2001 年、QFD Institute（米国））

事例に学ぶ方針管理の進め方

企業体質の強化に向けて

2022 年 4 月 27 日　第 1 刷発行

検　印
省　略

著　者　福原　　證
発行人　戸羽　節文

発行所　株式会社 日科技連出版社
〒151-0051　東京都渋谷区千駄ケ谷 5-15-5
DS ビル
電話　出版 03-5379-1244
　　　営業 03-5379-1238

Printed in Japan

印刷・製本　㈱中央美術研究所

© Akashi Fukuhara 2022
ISBN 978-4-8171-9755-9
URL　https://www.juse-p.co.jp/